Erwin Dee Kord (Hrsg.)

Aptychus

Erwin Dee Kord (Hrsg.)

Aptychus

Ammoniten, Solnhofener Plattenkalk, Kopffüßer, Funktion (Objekt)

Solv

Aptychus

Der **Aptychus** ist der schaufelförmige zweiteilige Unterkiefer der Ammoniten, eine ausgestorbenen Gruppe der Kopffüßer. Neben seiner primären Funktion als Unterkiefer ist eine sekundäre Funktion als Operculum (Gehäusedeckel) wahrscheinlich.

Im Gegensatz zum aragonitischen Gehäuse, blieben die calcitischen Aptychen bei der Fossilisation oft erhalten. Da eine gemeinsame Erhaltung von Gehäuse und Aptychus jedoch selten ist, ist die Funktion des Aptychus nicht genau bekannt. Neben einer Verwendung als Grabwerkzeug, mit der das Tier das weiche Substrat des Meeresbodens nach Nahrung absuchte, könnte der Kieferapparat auch als Schutzklappe gedient haben, die bei Gefahr den größten Teil der Wohnkammer verschloss.

Die übrigen Ammoniten besitzen als Kieferapparat den einteiligen hornigen Anaptychus der sonstigen Kopffüßer (Cephalopoda).

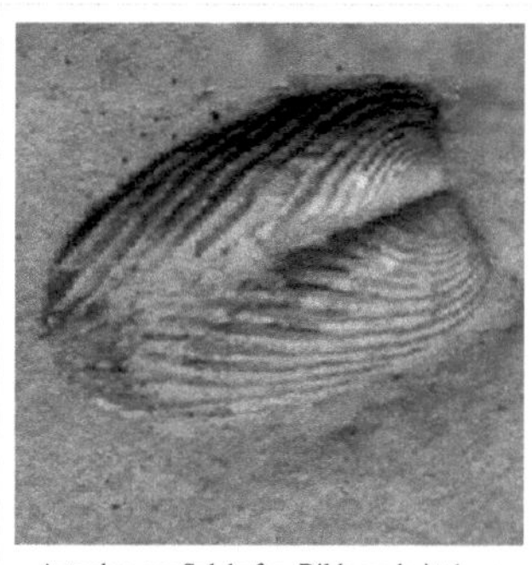

Aptychus aus Solnhofen, Bildausschnitt 1 cm

Weblinks

- Ammonitenmodelle [1] Internetpräsenz eines Fossiliensammlers
- North American Late Devonian Cephalopod Aptychi - Morphological Terminology [2]. Von Calvin J. Frye and Rodney M. Feldmann. *Kirtlandia*, No. 46 (August 1991):49-71, The Cleveland Museum of Natural History.

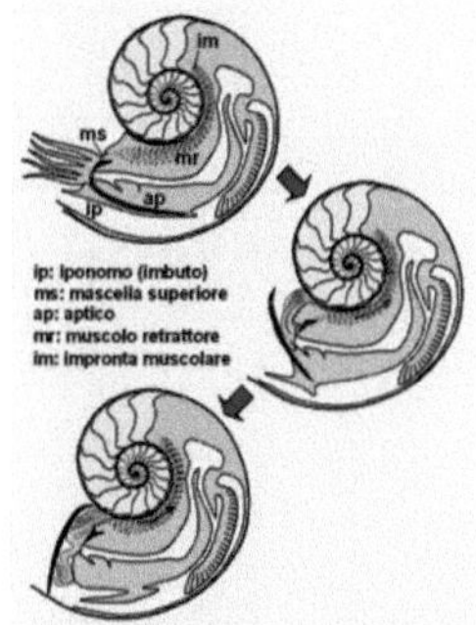

Entwurf einer Rekonstruktion des Weichkörpers und Konzeptschema der sich wandelnden Aptychus-Funktion nach Lehmann und Dzik (Beschriftung in Italienisch)

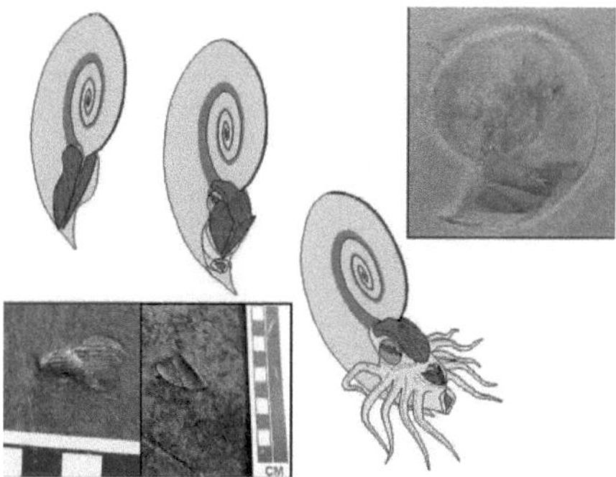

Links: Zerfallener Aptychus (Recto und Verso) aus dem Oberjura der Lombardei. Mitte: Konzeptschema der Funktion. Rechts: Oppeliider Ammonit aus Solnhofen

References

[1] http://kosmoceraten.de/Neuigkeiten/body_ammonitenmodell.html

[2] http://www.calfrye.com/aptychi/morphological_terminology.htm

Ammoniten

Ammoniten

Historische Rekonstruktion lebender Ammonitentiere von Heinrich Harder. Als überholt gilt die Deutung der Arme als Cirren und der Anaptychen als Gehäusedeckel.
Zeitraum
Unterdevon bis Oberkreide
418 bis 65 Mio. Jahre
Fundorte
• Weltweit
Systematik
Vielzellige Tiere (Metazoa)
Urmünder (Protostomia)
Weichtiere (Mollusca)
Kopffüßer (Cephalopoda)
Ammoniten
Wissenschaftlicher Name
Ammonoidea
Zittel, 1884
• Palaeoammonoidea • Mesoammonoidea • Neoammonoidea

Die **Ammoniten** (Ammonoidea) sind eine ausgestorbene Teilgruppe der ausschließlich marin lebenden Kopffüßer (Cephalopoda, Mollusca). Dieses Taxon war mit über 1500 bekannten Gattungen sehr formenreich. Die Zahl der Arten dürfte bei etwa 30.000 bis 40.000 liegen. Die Größe der Schale ausgewachsener Tiere liegt meist im Bereich von 1 bis 30 cm. Eine berühmte Ausnahme bildet *Parapuzosia seppenradensis* – mit ca. 1,80 m Schalendurchmesser ist dies die größte bekannte Art. Ammoniten stellen seit ihrem ersten Auftreten im Unterdevon bis zu ihrem Aussterben am Ende der Kreide (Kreide-Paläogen-Grenze) über einen Zeitraum von etwa 350 Millionen Jahren eine große Zahl der Leitfossilien; zum Teil erfolgt die zeitliche Abgrenzung mariner Sedimente ausschließlich anhand von Ammoniten. Sie sind für die Geologie und die Paläontologie daher von großer Bedeutung. Wegen ihrer Schönheit, Vielfalt und Häufigkeit sind sie auch bei vielen Fossiliensammlern beliebt und entsprechend häufig im Fossilienhandel zu finden.

Namensgebung

Das Taxon Ammonoidea wurde 1884 von Karl Alfred von Zittel (1839–1904) in seinem Handbuch zur Paläontologie zum ersten Mal erwähnt.[1] Die Bezeichnung stammt aus der Antike, Plinius der Ältere bezeichnete Versteinerungen als „Ammonis cornua" (Ammonshörner). Amon oder Ammon war bei den Griechen und Römern die Bezeichnung für den ägyptischen Sonnengott Amun-Re. Dieser Gott wurde häufig mit einem Widderkopf mit entsprechenden Hörnern dargestellt. Die mit Wülsten versehenen und eingedrehten Hörner dieser Huftiere erinnern an Ammoniten. Es wird jedoch vermutet, dass Plinius der Ältere wahrscheinlich keine Ammoniten, sondern fossile Schnecken der Gattung *Natica* beschrieben hat.[2] Die Bezeichnung *-ceras* in vielen wissenschaftlichen Namen von Ammoniten leitet sich vom griechischen Wort κέρας für „Horn" ab. Einige europäische Ortschaften tragen Ammoniten im Stadtwappen, so etwa das französische Villers-sur-Mer in der Normandie, das britische Whitby, die Gemeinde Gosau in Österreich oder die deutschen Gemeinden Cremlingen (Niedersachsen), Lüdinghausen (Westfalen) und Schernfeld (Bayern).

Anatomie

Schale

Nachbildung von *Parapuzosia seppenradensis* in Seppenrade

Die Grundform des Gehäuses von Ammoniten ist eine in einer Ebene aufgerollte Spirale, wobei sich die Ränder der einzelnen Windungen mehr (involut) oder weniger (evolut) umfassen. Diese Schalenform wird als planspiral bezeichnet. Vermutlich bedingt durch starke Meeresspiegelanstiege (Transgression) kam es jedoch in der Obertrias, im Mitteljura und besonders häufig in der Kreidezeit zu abnorm und zum Teil dreidimensional im Raum entrollten Gehäusen.[3] Der bekannteste Vertreter dieser Formen ist *Nipponites* aus der Oberkreide Japans. Dessen Gehäuseröhre besteht aus in sich verschlungenen u-förmigen Abschnitten und zählt zu den absoluten Raritäten.

Die Schale aller Ammoniten ist in zwei Bereiche unterteilt, die vordere Wohnkammer und den gekammerten hinteren Auftriebskörper (Phragmokon). In der Wohnkammer der Ammoniten saß der größte Teil des Weichkörpers.

Das wichtigste und zugleich häufig das einzige überlieferungsfähige Merkmal ist die kalkige Schale der Ammoniten. Die Struktur der Ammonitenschale entspricht dem Grundaufbau wie er bei fast allen Molluskenvertretern (Muscheln, Schnecken) zu finden ist. Die Schale wird vom äußeren Mantelrand in einer speziellen Mantelfalte durch eine organische Schicht, dem Periostracum, vorgeformt. Das Periostracum fungiert im weiteren Schalenbildungsprozess als Matrize, das heißt alle Ornamente wie Rippen oder Knoten sind bereits vorhanden. Im nächsten Schritt wird das Periostracum von einer etwa 5 µm dünnen mineralisierten Schicht, dem Außenostrakum (= äußere Prismenschicht) unterlagert. Die Anordnung der stengeligen Aragonitkristalle erfolgt in zum Teil radial, zum Teil halbkreisförmigen Sektoren (sphärolith Sektoren). In der zweiten mineralisierten Lage werden Stapel von mikroskopisch kleinen sechseckigen Plättchen übereinander gestapelt.

Modell eines *Nipponites* der japanischen Firma Kaiyodo wie man es im National Museum of Nature and Science in Tokio erwerben kann. Größe des Modells ca. 4 cm

Durch die geringe Mächtigkeit der einzelnen Plättchen (Bruchteil eines Mikrometers) kann das Licht unterschiedlich tief in diese Stapel eindringen, wird dabei in seine Spektralfarben zerlegt und reflektiert. Dies erzeugt den so beliebten schillernden Effekt der Perlmuttschicht. Die Perlmuttschicht erreicht ein Vielfaches der Mächtigkeit des Außenostrakums. Da diese Plättchen ursprünglich von organischem Material umhüllt waren, verliehen sie der Schale zusätzlich eine hohe Elastizität. Nach innen folgt die dritte mineralisierte Schalenschicht, das Innenostrakum (= innere Prismenschicht). Diese zuletzt mineralisierte Schalenlage wird von hinteren Teilen des Mantels abgeschieden. Ihr Aufbau und Funktion ist zum Teil recht unterschiedlich und dient unter anderem der Anheftung von Muskulatur.[3]

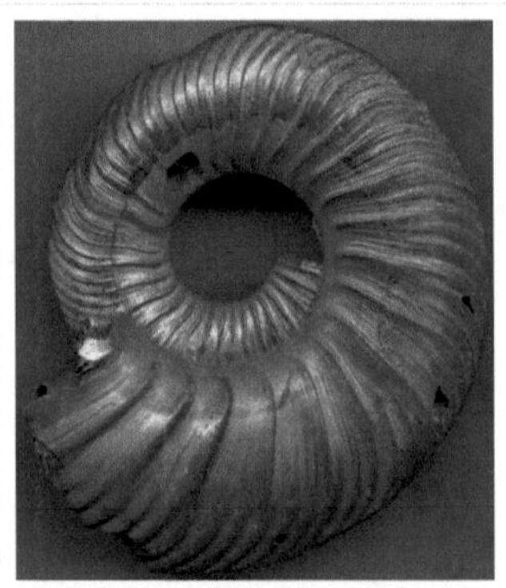

Quenstedtoceras mit aragonitscher Schale und erhaltener Perlmuttstruktur, wodurch das Licht in seine Spektralfarben zerlegt wird und ein irisierender Effekt, ähnlich dem von Öl auf Wasser, verursacht wird.

Die den Phragmokon unterteilenden Kammerscheidewände (Septen) werden hingegen vom hinteren Bereich des Mantelgewebes mineralisiert. Dieser Mineralisationsprozess ging vermutlich recht zügig vonstatten und erfolgte gleichzeitig auf der gesamten Septenoberfläche. Das lässt sich aus dem Fehlen von Anwachsstreifen schließen. Vermutlich wurden die Septen ähnlich wie die Schale durch eine organische Lage vorgeformt und anschließend vollständig perlmuttrig mineralisiert. Die Ansatzstellen der Kammerscheidewände an der Innenseite der Gehäuseröhre liefern ein wichtiges Merkmal für die Systematik der Ammoniten.[4] Diese Kontaktnaht bildet die Lobenlinie, die bei verschiedenen Ammonitengruppen unterschiedlich ausgebildet ist. Da es sich bei der Lobenlinie um ein Merkmal der inneren Schale handelt, kann dieses nur bei Steinkernen (Innenausgüssen von Schalen) beobachtet werden. Da die Wohnkammer nicht durch Septen untergliedert ist finden sich auf Wohnkammersteinkernen keine Lobenlinien.

Der Phragmokon der Ammoniten erfüllte ähnlich wie beim rezenten *Nautilus* eine Gewichtsausgleich-Funktion. Die neugebildeten Kammern waren zunächst mit Flüssigkeit gefüllt. Sie wurden mittels organischer Innenauskleidung (Pellicula), die wie ein Löschblatt funktionierte, und dem schlauchartigem Mantelgewebe (Sipho), das alle Kammern durchzog, leer gepumpt.[5] [6] Durch ein Salzionen-Konzentrationsgefälle zwischen der Kammerflüssigkeit, mit nahezu Süßwasserzusammensetzung, und dem Blut des Siphos wurde ein osmotischer Druck aufgebaut. Dieser aktiv vom Organismus aufgebaute Druck führte dazu, dass die Kammerflüssigkeit zum Sipho geleitet und über diesen abgeführt wurde.[7] Durch den Abpumpprozess entstand in den voll mineralisierten Kammern ein Unterdruck, der wiederum zum Ausperlen eines stickstoffhaltigen Gases führte. Der dadurch gewonnene Auftrieb glich das Gewicht von Schale und Weichkörper aus. Der gesamte Prozess ist also eine wesentliche Voraussetzung, um den Ammoniten (aber auch *Nautilus*) das Wachstum (= Gewichtszunahme) zu ermöglichen. Der Sipho der Ammoniten liegt im Unterschied zu *Nautilus*, wo der Sipho zentral-mittig in der Gehäuseröhre liegt, immer randlich meist extern. Nur bei der oberdevonischen Gruppe der Clymenien liegt der Sipho intern. Der Vorgang der Kammerneubildung im Ganzen wurde 2008 ausführlich beschrieben.[8] Somit ist der rezente *Nautilus* also in der Lage, das Gewicht von Schale und Weichkörper auszugleichen und in der Wassersäule zu schweben, ohne dafür zusätzliche Energie aufzuwenden. Da die Kammerscheidewände der Ammoniten deutlich komplexer als die uhrglasförmigen Kammern des *Nautilus* ausgebildet sind, wird vermutet, dass die Ammoniten ihr Gehäuse auch benutzten, um Tag/Nachtwanderungen vertikal in der Wassersäule durchzuführen. Dies könnte ähnlich wie bei einem U-Boot durch Fluten und Leerpumpen der Phragmokonkammern bewerkstelligt worden sein. Das Eigengewicht wurde so entsprechend modifiziert und ein energiesparendes Auf- und Abtauchen ermöglicht. Allerdings ist es nicht unumstritten, ob Ammoniten tatsächlich auf diese Art und Weise Tag/Nachtwanderungen vollzogen. Eine aktuelle Übersicht über alle zur Zeit diskutierten Funktionen des gekammerten Phragmokons und der Septen geben.[3] [9]

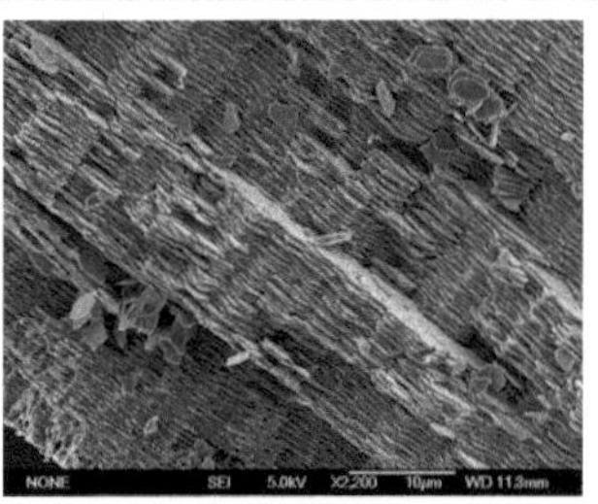

Ultrastruktur der Perlmuttschicht eines Unterkreide-Ammoniten *Leymeriella* mit dem typischen stapelartigen Aufbau kleiner Aragonit-Plättchen (Foto: W. Chorazy

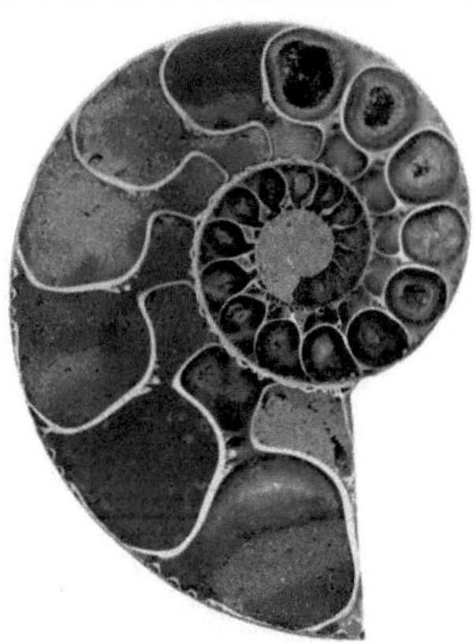

Medianschnitt durch den gekammerten Teil (Phragmokon) eines Ammoniten aus der Unterkreide von Madagaskar (*Argonauticeras*), die Wohnkammer ist nicht erhalten, klar erkennbar ist das weiße Schalenmaterial der Kammerscheidewände, die Kammern selbst sind z.T. mit Sediment und grobkristallinem Kalzit verfüllt, Durchmesser 10 cm

Die Größen der Schalen variieren stark. Die größten Ammoniten mit einem Durchmesser von rund 1,80 Meter wurden bislang in der Westfälischen Bucht gefunden. Sie gehören zur Art *Parapuzosia seppenradensis*. Die ersten Exemplare wurden 1887 und 1895 in einem Steinbruch bei Seppenrade entdeckt. Die größte bekannte Ammonitenart wurde also nach ihrem Fundort benannt und 2008 zum ersten Fossil des Jahres im Rahmen der Tagung der deutschen Paläontologischen Gesellschaft gewählt. Das größte erhaltene Schalengehäuse kam beim U-Bahn-Bau in Dortmund ans Tageslicht. Die Funde stammen aus kreidezeitlichen Mergel-Schichten.

Weichteile

Über die Weichkörperorganisation der Ammoniten ist bisher nur wenig bekannt, da außer den Kieferapparaten und den Muskelansatzstellen kaum Weichteile überliefert sind. So bleibt zum Beispiel die Anzahl der Ammonitenarme und deren Funktion bis heute umstritten und könnte 10, 8 und 6 betragen haben. Eine schlüssige Rekonstruktion des Weichkörpers gibt es für die diskusförmige Gattung *Aconeceras*, die zum Teil häufig in den Unterkreide-Ablagerungen von NW Deutschland gefunden werden kann.[10] Der Weichkörper befand sich hauptsächlich in der Wohnkammer und war wie bei Nautilus mittels großer Muskeln an der Innenseite festgeheftet. Solche Muskelansatzstellen zum Beispiel der Rückziehmuskulatur die dafür sorgte, dass sich die Ammoniten bei Gefahr vollständig in ihre Wohnkammer zurückziehen konnten, wurden zum ersten Mal umfangreicher beschrieben.[11] [12] Der Cephalopoden-Weichkörper entspricht dem Grundmuster der Mollusken und lässt sich in Kopf, Eingeweidesack und Mantel untergliedern. Im Kopfbereich befinden sich Sinnesorgane wie Augen, Fangarme und der Kieferapparat. Der Eingeweidesack enthält den Verdauungstrakt, das Herz und die Gonaden und wird vollständig vom Mantel umschlossen (siehe Skizze). Der Mantel bildete bei den Ammoniten vermutlich auch eine Mantelhöhle im ventralen, vorderen Wohnkammerbereich wie sie bei *Nautilus* ausgebildet ist. In die Mantelhöhle ragen ein paar Kiemen für die Sauerstoffaufnahme aus dem Meerwasser. Zusätzlich kann *Nautilus* über einen zweilappigen Trichter Wasser in die Mantelhöhle einströmen und durch Zusammenziehen von Muskulatur das Wasser wieder herauspressen. Nach diesem Rückstoßprinzip bewegt sich der rezente *Nautilus* und vermutlich auch die ausgestorbenen Ammoniten

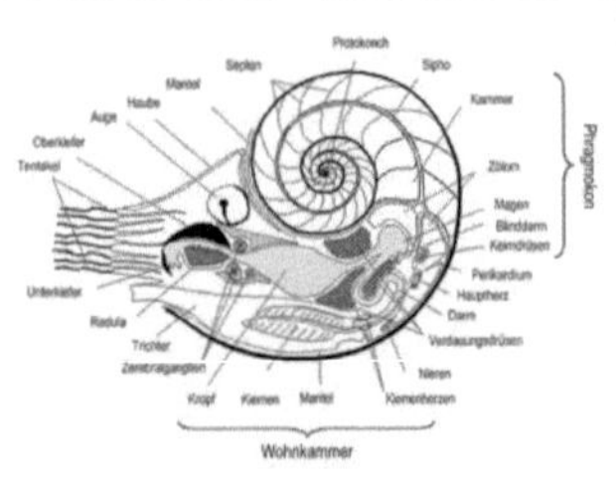

Schema der Weichteile eines Nautilus

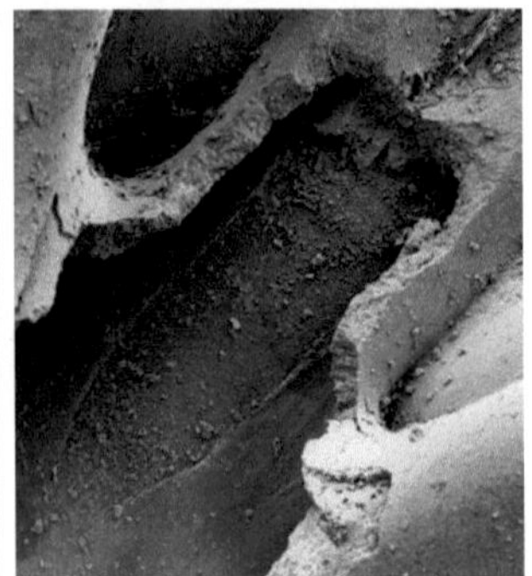

Zungenförmige dorsale Muskelansatzstelle eines *Lobolytoceras siemensi* (Unterjura) umrahmt von Resten des Septums

durchs Wasser. Einen Tintenbeutel wie *Sepia* und *Octopus* besaßen die Ammoniten nicht. Am hinteren Abschnitt der Wohnkammer am Übergang zum Phragmokon bildet der Mantel eine schlauchartige Struktur, die bei den Ammoniten alle Kammern miteinander verbindet, der Sipho.

Arme

Alle rezenten Cephalopoden mit internem Gehäuse (Endocochleata) besitzen entweder 8 (Vampyropoda) z. B. *Octopus* oder 10 (Decabrachia) z. B. *Sepia, Spirula* Arme. *Nautilus* mit seinem externen Gehäuse (Ektocochleata) besitzt hingegen zahlreiche ~90 Arme.[13] Die Arme von *Octopus* oder *Sepia* sind mit Saugnäpfen besetzt, die von Belemniten mit kleinen Haken (Onychiten) und Saugnäpfen.[14] *Nautilus* besitzt weder Haken noch Saugnäpfe, sondern zahlreiche Cirren, die ein klebriges Sekret absondern können. Hieraus ergibt sich für die Rekonstruktion der Ammonitenarme eine ganze Reihe an Möglichkeiten.[15] Am Wahrscheinlichsten scheint eine Armanzahl von 10, 8 oder 6, da durch neuere Untersuchungen gezeigt werden konnte, dass auch *Nautilus* in der Embryonalanlage nur 10 Arme besitzt.[16] Die Erhöhung der Armzahl auf über etwa 90 erfolgte also sekundär innerhalb der Nautiliden-Entwicklungslinie. Zudem ist bekannt, dass Ammoniten durch verschiedene Merkmale (schmale Radula, kleines Juvenilgehäuse) den Coleoidea (Cephalopoden mit internem Gehäuse z. B. Belemniten, Sepien) entwicklungsgeschichtlich näher stehen als den Nautiliden, mit denen sie lediglich das externe Gehäuse als gemeinsames Merkmal gemeinsam haben.[17] Da bisher Nachweise von Ammonitenarmen, auch von Fossillagerstätten mit exzellenter Weichteilerhaltung wie zum Beispiel der mitteljurassischen Lagerstätte

Voulte-sur-Rhone, von der ein vollständig erhaltener Octopode (*Proteroctopus ribeti*) bekannt ist, fehlen, sind folgende Rückschlüsse möglich: a) die Arme waren fadenartig dünn oder b) sehr kurz. Ein paar Rekonstruktionsversuche zu Aussehen und Funktion der Ammonitenarme sind beschrieben.[18] [19] [20]

Radula, Aptychen, Anaptychen und Rhyncholithen (Nahrungsaufnahme)

Ammoniten besaßen wie alle Cephalopoden und auch deren nächste Verwandte die Gastropoden eine sogenannte Buccal Masse. Diese kugelige, von kräftiger Muskulatur umfasste Struktur liegt direkt hinter der Mundöffnung und enthält bei rezenten Cephalopoden einen Papageienschnabel-artigen Kiefer, wobei hier, umgekehrt wie bei den Papageien, der Unterkiefer größer ist als der Oberkiefer. Im Zentrum dieser Kapsel liegt die Raspelzunge oder Radula, mit deren Hilfe die Nahrung zerkleinert wird. Sie besteht bei *Nautilus* aus 13, bei Ammoniten und Coleoideen aus 9 Elementen je Querreihe.[17] In einer speziellen Tasche werden zeitlebens kontinuierlich neue Zahnreihen gebildet, welche die abgenutzten Zähne ersetzen. Im Jahr 2011 veröffentlichte 3D-Rekonstruktionen eines oberkreidezeitlichen heteromorphen Ammoniten (*Baculites*) zeigten die fragile Struktur der Raspelzähne und deren Anpassung an die Ernährung von Zooplankton

Ammonit aus dem Oberjura (Malm) von Solnhofen mit einem Teil des Kieferapparates (Aptychus) aufrecht in der Wohnkammer liegend

z. B. Schneckenlarven oder kleine Krebstiere.[21] Eine ähnliche Radula ist für die Unterkreide Gattung Aconeceras berichtet.[10] Es bleibt abzuwarten, ob weitere Untersuchungen ähnlich starke Anpassungen der Radula an die Ernährungsweise wie bei den Gastropoden zeigen.

Im Unterjura treten bei der Ammonitengruppe der Hildoceraten zum ersten Mal verkalkte zweiteilige Unterkiefer, die Aptychen, auf. Mit dem Auftreten zunächst hornig-zweiteiliger und später kalzitisch-zweiteiliger, muschelähnlicher Unterkiefer (Aptychus) im Unterjura (Lias) geht ein Funktionsverlust als Teil des Kieferapparates einher. Der Verlust einer zum Zerschneiden von Beute geeigneten Spitze, die Abplattung sowie die gelenkig miteinander verbundenen zueinander symmetrischen Teile machen eine Kieferfunktion unwahrscheinlich. Beide Varianten (ursprünglich einteiliger Unterkiefer (= Anaptychus) und zweiteiliger Aptychus) kommen bis zum Ende der Kreide parallel nebeneinander vor und führten zur Unterteilung der Ammoniten in Aptychen-tragende (Aptychophora) und nicht aptychentragende Formen.[22] Aptychentragende Ammoniten konnten sich nach neueren Vorstellungen nur noch von mikroskopisch kleinen Partikeln/Organismen ernähren wohingegen Formen mit funktionsfähigem Kiefer sich möglicherweise von Aas ernährten.[23] So besaßen Phylloceraten und Lytoceraten einen Unterkiefer der dem des rezenten *Nautilus* ähnlich ist und an der Spitze durch Kalkeinlagerungen (Rhynchaptychus) verstärkt war. Dies wurde bereits als konvergente Anpassung an eine aasfressende Lebensweise, wie sie auch von *Nautilus* bekannt ist, interpretiert.[24] Vermutlich schwammen die Ammoniten auch mit ähnlichen Geschwindigkeiten wie Nautilus. *Ammoniten waren also trotz ihres komplizierter gebauten Gehäuses keine schnellen, räuberischen Formen wie etwa die Belemniten mit ihrem torpedoförmigen Körper.* Als Nahrung kommen daher Plankton, Foraminiferen, kleinere Ammoniten (bis rund 1/10 der Größe des Prädators), Krebse, Ostracoden, Echinodermata (z. B. Armglieder von Seelilien), Brachiopodenbrut oder Aas und eventuell auch Korallen und Bryozoen in Frage. Die Hypothese zur Nahrungsbiologie wird durch in Ausnahmefällen fossilisierten Resten des Mageninhaltes von Ammoniten gestützt.

Umstritten ist nach wie vor die Funktion der Aptychen a) als Operculum (Verschlussdeckel) der ähnlich der Hutkappe das *Nautilus* die Gehäusemündung bei Gefahr verschließt, wenn sich der Ammonit vollständig in seine Wohnkammer zurückzieht, b) weiter funktionsfähiger Teil des Kieferapparates, c) Doppelfunktion Operculum und Kiefer, d) als Tariergewicht massiv verkalkter Aspidoceraten-Aptychen.[25] Eine kurze Zusammenstellung verschiedener Theorien zur Funktion der Aptychen findet sich ebenfalls.[25]

Rhyncholithen, die wegen ihrer Ähnlichkeit mit den Kiefern von *Nautilus* früher als Kieferteile von Ammoniten gedeutet wurden, sind nach heutiger Auffassung sicher keine Ammonitenkiefer, sondern vermutlich Kiefer anderer Cephalopoden, eine Zuordnung zu einzelnen Gruppen ist aber noch schwierig.

Weitere Weichteile (Tintenbeutel, Kiemen und Augen)

Nachweise von Tintenbeuteln bei Ammoniten sind nicht eindeutig. Höchstwahrscheinlich liegen Verwechslungen mit Magen und Ösophagus der Ammoniten vor. Kiemen sind von Ammoniten fossil nicht überliefert. Nautiliden haben vier Kiemen, alle anderen rezenten Kopffüßer und auch deren nächste Verwandte, die Schnecken, besitzen nur zwei Kiemen. Aufgrund der engeren Verwandtschaft der Ammoniten zu den Coleoideen, aufgrund der Ausbildung von Radula und Embryonalgehäuse, wird vermutet, dass Ammoniten ebenfalls zwei Kiemen besaßen. Da auch Schnecken nur zwei Kiemen besitzen, kann davon ausgegangen werden, dass erst innerhalb der Entwicklungsreihe der Nautiliden die Kiemenanzahl von ursprünglich zwei auf vier erhöht wurde, ganz entsprechend der Erhöhung der Armzahl. Augen sind fossil nicht überliefert. Dass Ammoniten jedoch Augen besessen haben müssen, scheint unstrittig. Die Augen von *Nautilus* funktionieren wie eine Camera obscura (Lochkamera) und besitzen keine Linse. Alle anderen modernen Cephalopoden besitzen verschiedene Formen von Linsenaugen.

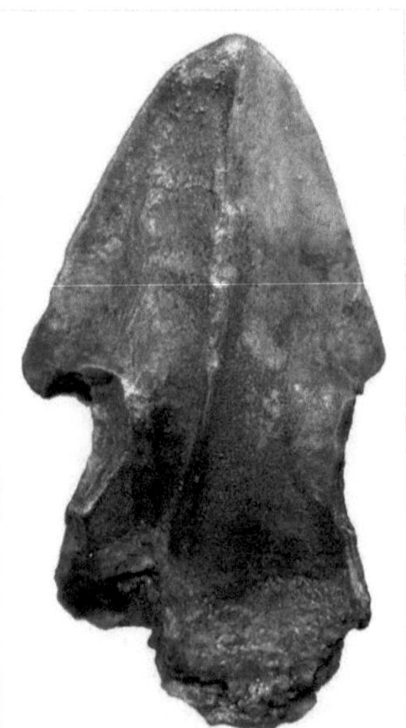

Rhyncholith - ein starker verkalkter Teil eines Nautilidenkiefer aus der Unterkreide von Frankreich.

Paläobiologie

Fortbewegung

3d-Modell des internen Aufbaus des Gehäuses eines rezenten *Nautilus pompilius* mit einfach uhrglasförmigen Septen und zentralen Siphonaldüten die den ursprünglichen Verlauf des Siphos nachzeichnen.

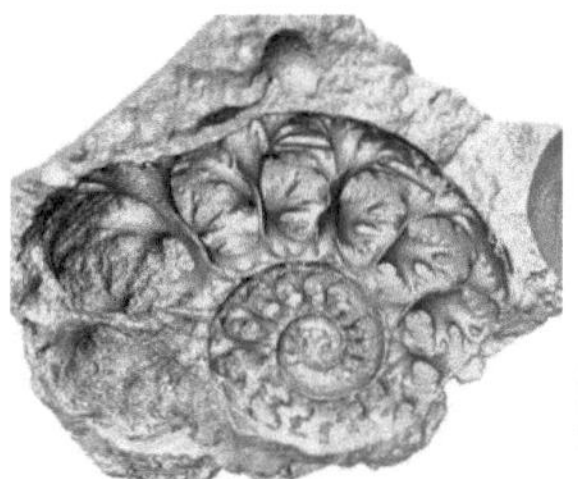

3d-Modell des internen Aufbaus des Gehäuses eines Oberkreide Ammoniten *Gaudryceras* der im Vergleich zum *Nautilus* sehr komplexe Septen und einen randlich gelegenen Sipho aufweist.

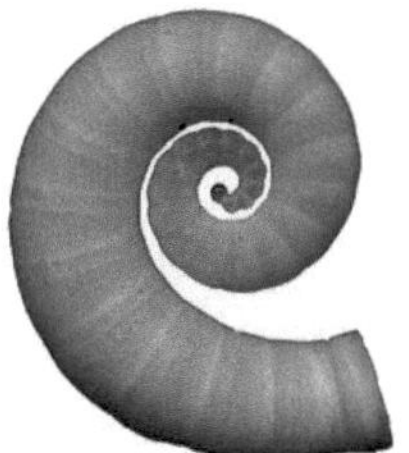

Die intern gelegene Schale des rezenten Tiefsee-Cephalopoden *Spirula spirula* besitzt ebenfalls einfach uhrglasförmige Septen und einen randlich gelegenen Sipho, der jedoch nicht wie bei den Ammoniten meist außen, sondern innen liegt.

Die Frage nach der Fortbewegung der Ammoniten ist am schwierigsten zu beantworten. Es kann hier mit Hilfe von Indizien über eine wahrscheinliche Lebensweise der Ammoniten spekuliert werden. Zunächst einmal soll erwähnt sein, dass es zwei grundsätzlich verschiedene Vorstellungen zur Lebensweise der Ammoniten gibt: a) benthonisch auf dem Meeresboden kriechend oder gar sessil und b) frei in der Wassersäule schwimmend.

Für eine benthonische Lebensweise sprechen geochemische Analysen.[26] Es wurden Schalen von Oberkreide Ammoniten, Planktonorganismen und Benthosorganismen untersucht. Dabei stellte sich heraus, dass die Sauerstoffisotopen der Ammonitenschalen stark denen der Benthosorganismen ähnelten. Weitere Indizien für eine bodenbezogene Lebensweise könnte aus dem Bereich der Paläopathologie angeführt werden. So könnten Schalenverletzungen, die durch bodenbewohnende Krebse verursacht wurden, für eine benthonische Lebensweise der Ammoniten sprechen. Beide Argumente können als Hinweise für eine benthonische Lebensweise gedeutet werden, schließen aber eine demersiale, das heißt dicht über dem Meeresboden schwebende Lebensweise nicht aus.

Für eine Lebensweise in der freien Wassersäule spricht das Fehlen jeglicher Spurenfossilien von Ammoniten. Die von Devon bis Oberkreide weltweit massenhaft vorkommenden Ammonitentiere müssten unzählige Spurenfossilien in den Ablagerungen jener Zeit hinterlassen haben. Bis heute ist jedoch keine einzige Spur bekannt, die eindeutig einem Ammoniten zugewiesen werden kann. Alle rezenten Cephalopoden mit einem gekammerten Gehäuse (*Nautilus*, *Spirula*) schwimmen frei in der Wassersäule, ebenso die bereits ausgestorbene Gruppe der Belemniten. Generell ist das gekammerte Gehäuse als Schlüsselinnovation der Cephalopoden zu verstehen, die ihnen erst den Übergang von der benthonischen zur schwimmenden Lebensweise ermöglichte. Ammoniten mit ihrem gekammerten Außengehäuse und der Wohnkammer entsprechen im Grundprinzip dem Nautilusgehäuse. Es lassen sich jedoch auch gravierenden Unterschiede feststellen: Der Sipho liegt am Rand, und die Kammerscheidewände der Ammoniten sind teilweise extrem stark verfaltet. Diese Verkomplizierung des Gehäuses spricht nach Meinung vieler Forscher für eine Effizienzsteigerung des hydrostatischen Apparates (= Auftriebsorgan). Das heißt, Wasser kann schneller aus den neugebildeten Kammern abgepumpt und so schneller das Schwimmgleichgewicht erreicht werden. Möglicherweise konnte auch schneller Wasser zurückgeflutet werden, wie ein Vergleich von Schalenverletzungen bei *Nautilus* und Ammoniten zeigte.[27] [28] Positiver Auftrieb zum Beispiel durch Schalenverlust könnte somit verringert und das Auftreiben an die Wasseroberfläche, gleichbedeutend mit dem Tod des Tieres, vermieden werden.[29] [3] Kalkige Ablagerungen in den Kammern und Siphonen verschiedener fossiler Cephalopoden könnten sogar ein Hinweis darauf sein, dass der Auftrieb ständig größer als das Eigengewicht war.[27]

Die größere Wohnkammer der Ammoniten mit entsprechend großem Weichkörper wird oft angeführt, um die bodenbezogene Lebensweise der Ammoniten zu begründen. Da der Weichkörper jedoch eine relative Dichte von 1 g/cm³ besitzt, also nahezu identisch mit dem umgebenden Meerwasser ist, wirkt sich die Größe des Weichkörpers kaum auf das spezifische Gewicht der Tiere im Wasser aus (im Toten Meer können auch Nichtschwimmer aufgrund das hohen Salzgehaltes und des dadurch verursachten Auftriebs schwimmen). Den weitaus wichtigsten Gewichtsfaktor bildet die aragonitische Schale mit einer Dichte von ca. 2.5–2.6 g/cm³.

Weitere Indizien für eine schwimmende Lebensweise der Ammoniten kommen von den verschiedensten Fundstellen. Ammoniten werden auch in Sedimenten (z. B. Schwarzschiefer) gefunden, die unter sauerstoffarmen bis − freien Bedingungen (dys- bis anoxisch) abgelagert wurden (z. B. Fossillagerstätte Holzmaden). Wären Ammoniten bodenbezogen lebende Organismen, dürften sie dort nicht vorkommen. Sie lebten daher vermutlich in der freien Wassersäule oberhalb der sauerstoffarmen Zone und sanken nach ihrem Tod zum Meeresboden oder wurden aus anderen Meeresbereichen dorthin verdriftet. Die lebensfeindlichen sauerstoffarmen Bedingungen verhinderten nach der Ablagerung eine weitere Zerstörung oder Bewuchs der Schalen durch andere Organismen. Auch scheint die Ernährungsweise für eine entweder planktonische oder nektonische Lebensweise in der freien Wassersäule zu sprechen. So fand sich marines Zooplankton (Schneckenlarven und kleine Krebstiere) im Kieferapparat des Oberkreide Ammoniten *Baculites*.[21] Da *Baculites* mit seinen zweiteiligen Aptychus zu den Aptychophora gehört, kann die Ernährung von Zooplankton, die eine schwimmende Lebensweise erforderlich macht, evtl. für alle Aptychen-tragenden Ammoniten angenommen werden.[21] [23]

Auch die schnelle Entfaltung und globale Verbreitung der Ammoniten nach den Massenaussterbe-Ereignissen spricht für eine Lebensweise sowohl in der freien Wassersäule küstennah als auch küstenfern, da insofern eine schnellere Verbreitung gegenüber bodenbezogen lebenden Organismen möglich war.[15]

Geschlechtsdimorphismus: Mikrokonche und Makrokonche

Unter den Begriffen Mikro- bzw. Makrokonch versteht man zunächst einmal lediglich kleine und große Ammonitengehäuse mit ähnlich gestalteten Innenwindungen. Bei den detailliert-morphologischen Studien an Ammonitengehäusen fiel auf, dass einige Formen zunächst identische Windungen mit identischen Ornamenten anlegten. Ab einem bestimmten Schalendurchmesser unterschieden sich dann aber die Windungen und die Ornamentierung. Bei weiterer langjährige Sammeltätigkeit stellte sich heraus, dass diese Formen immer zeitgleich und an den gleichen Fundorten zu finden waren. Lediglich die Verhältnismäßigkeit der Fundhäufigkeit war unterschiedlich. Oft wurden diese Ammoniten erst als unterschiedliche Arten oder sogar Gattungen beschrieben. Waren einmal die Ähnlichkeiten erkannt, drängte sich schnell der Verdacht auf, es könnte sich hierbei um sexualdimorphe Paare handeln. Sexualdimorph bedeutet, die Geschlechter (männlich oder weiblich) unterscheiden sich morphologisch (vgl.Menschen). Um dieses zu belegen, müssen ausgewachsene Ammoniten der gleichen Art verglichen werden. Dies geschieht über die Bildung einer morphologischen Reihe. Allgemeinhin nimmt man an, dass es sich bei den größeren Makrokonchen um die Weibchen und bei den kleineren Mikrokonchen

Abguß eines Ammonitenpaares mit Makro-
(Weibchen) und Mikrokonch (Männchen) aus
dem Unterjura von Deutschland

um die Männchen sogenannte Zwergmännchen handelt. Beweisen lässt sich diese Annahme allerdings nicht, da Weichteile von Ammoniten nicht überliefert sind. Allerdings tritt bei rezenten Cephalopoden häufig der Fall auf, dass die Weibchen größer als ihre Männchen werden. Die frühen Ähnlichkeiten und späteren Unterschiede im Gehäusebau könnten Folge der sexuellen Reife sein. Um auszuschließen, dass nicht ausgewachsene mit ausgewachsenen Exemplaren der gleichen Art verglichen werden, ist die Beachtung der Lobenlinie hinreichend. Das Erreichen das Adultstadiums und damit der maximalen Gehäusegröße, erkennt man bei Ammoniten wie auch beim rezenten *Nautilus* an der Drängung der zuletzt gebildeten 2–3 Septen. Diesen Effekt hat Hölder als Lobendrängung beschrieben).[30] Auch die Mündungsapophysen (Ohren) der Mikrokonche z. B. *Ebrayiceras* werden als geschlechtsbedingte Modifikationen der Gehäusemündung interpretiert.[18] Ein etwas komplizierter gelagerter Fall von Sexualdimorphismus wurde ebenfalls 2011 beschrieben.[31] Einen umfassenden Überblick zu allen Aspekten des Sexualdimorphismus bei Ammoniten gibt Callomon.[32]

Verwandtschaft und Stammesgeschichte

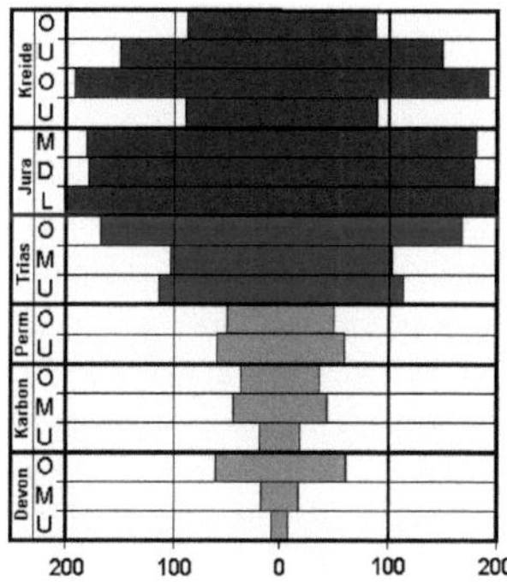

Verteilung von rund 1500 Ammonitengattungen von Devon bis Kreide, hellblau: vor allem Goniatiten, blau: vor allem Ceratiten, violett: vor allem Ammoniten

Die Gattung *Cheiloceras* (Devon) als Vertreter der Paläoammonoidea (Goniatiten) die von Devon - Perm verbreitet waren.

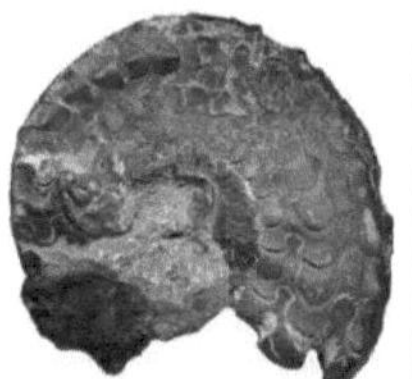

Die Gattung *Ceratites* (Trias) als Vertreter der Mesoammonoidea (Ceratiten) die hauptsächlich in der Trias verbreitet waren.

Die Gattung *Hildoceras* (Jura) als Vertreter der Neoammonoidea (Ammoniten in engeren Sinne) die von Jura - Kreide verbreitet waren.

Die Ammoniten leiteten sich im Unterdevon (Emsium) von den Bactriten, einer Gruppe Cephalopoden, die ihren Sipho vom Zentrum der Gehäuseröhre an den Rand verlagerten, ab. Infolge der Siphoverlagerung ergab sich auch eine erste Einfaltung der Lobenlinie. Die Bactriten wiederum lassen sich nahtlos von orthoceriden Nautiliden mit langen gradgestreckten Gehäusen - ebenfalls im Unterdevon (Pragium) - ableiten. [33] Durch die beginnende Krümmung und zunehmende planspirale Einrollung des Gehäuses leiten die Bactriten zu den Ammoniten über.[34] Eine genaue Definition für die Ammoniten ist wegen des graduellen morphologischen Übergangs zwischen Bactriten und Ammoniten zur Zeit noch schwierig. Bemerkenswert ist jedoch, dass die Ammoniten bereits kurze Zeit nach ihrem ersten Auftreten global und massenhaft verbreitet waren, was im Zusammenhang mit weiteren Veränderungen in den damaligen Meeren als die devonische Nektonrevolution beschrieben wurde.[35] Vermutlich lassen sich auch die Coleoidea (Cephalopoden mit Innenskelett), zu denen auch die ausgestorbene Gruppe der Belemniten gehört, ableiten. Generell werden die Großgruppen innerhalb der Ammoniten anhand der Ausgestaltung ihrer Lobenlinie unterschieden.[36]

Lange Zeit wurde zur Rekonstruktion der Lebensweise oder des Weichkörpers der rezente *Nautilus* herangezogen. Wie aber gezeigt werden konnte, sind die Ammoniten eher mit den Coleoideen verwandt. Neben den bekannteren Vertretern dieser Gruppe (*Octopus* und *Sepia*) ist besonders die seltene Tiefseetintenart *Spirula spirula* für die Paläontologie in letzter Zeit immer stärker in den Focus rückt. Diese Form besitzt nämlich ein vollständiges gekammertes Gehäuse mit Siphon, das in den Weichkörper eingelagert ist. Wegen der engeren Verwandtschaft zwischen Ammoniten und *Spirula* wird letzterer als Modellorganismus für zukünftige Rekonstruktionsversuche verstärkt herangezogen.[37]

Vereinfacht lassen sich die Ammoniten in Paläo- (Devon-Perm), Meso- (Trias) und Neoammoniten (Jura-Kreide) unterteilen. Die vereinfachte und nicht ganz korrekte, dafür aber in Gelände leicht anzuwendende Methode basiert auf der Ausgestaltung der Lobenlinien späterer ontogenetischer Stadien und nicht der Primärsutur (was eigentlich die korrekte Herangehensweise wäre). Bei fast allen Paläoammoniten (Goniatiten, Anarcestiden, Clymenien) ist die Lobenlinie noch recht einfach mit wenigen Sätteln (meist breit-gerundet) und Loben (meist spitz) ausgebildet. Bei den Mesoammoniten (Ceratiten) sind die Sättel einfach und die Loben zeigen eine beginnende Zerschlitzung des Lobengrundes. Die Neoammoniten (Phylloceraten, Ammoniten inklusive Lytoceraten und Ancyloceraten = Heteromorphe) entwickeln die kompliziertesten Lobenlinien mit zerschlitzten Sätteln und Loben. Die Zeichnungen wurden in die vermutete Lebendstellung der Ammonitentiere gedreht. Neben dieser Tendenz finden sich eine Unzahl an Variationen der Proportion der Schale, von „Verzierungen" wie Rippen, Spaltrippen, Wülste, Rillen, Dornen oder Knoten, z. T. als Folgen von Konvergenz. Die drei Gruppen sind jeweils durch ein Massenaussterben getrennt, wobei nur wenige Formen überlebten. Von diesen ging anschließend eine explosionsartige Entfaltung (Radiation) neuer Formen aus. Die Ammoniten, die ein Massenaussterben überlebt hatten, wiesen vereinfachte Lobenlinien auf, die sich im Zuge der Stammesgeschichte jedes Mal hin zu komplizierteren Lobenlinien entwickelten. Dieser phylogenetische Trend lässt sich auch während der Ontogenie sehr gut beobachten. Leider starben die Ammoniten an der Kreide/Paläogen-Grenze nachkommenlos aus. Möglicherweise überlebten einige wenige Ammoniten dieses Aussterbe-Ereignis, dem neben vielen Planktonorganismen auch die Dinosaurier zum Opfer fielen, noch um ein paar Monate oder Jahre. Ein Effekt der unter dem Begriff „dead clade walking" bekannt ist. Gab es in der höchsten Oberkreide noch ca. 30 Ammonitenarten, so sind kurz oberhalb der Iridium-Anomalie, die global nachgewiesen wurde und einen Meteoriten-Impakt wahrscheinlich macht, alle Ammoniten verschwunden.[19]

Typostrophen-Theorie

Ammoniten waren das Musterbeispiel der überholten Typostrophenlehre, wie sie Otto Heinrich Schindewolf vertrat.[38] [39] Eine Typostrophe beginnt mit der Entstehung einer neuen Form (Typogenese), die dann im Laufe der Zeit im Rahmen ihrer Entwicklungspotenzen ausgestaltet wird (Typostase). Schließlich gelangt die Form an die Grenzen ihrer Möglichkeiten und stirbt aus (Typolyse). Die Evolution der Ammoniten folgt scheinbar diesem Schema. Beispielsweise ist in dieser Deutung das Auftreten von heteromorphen Ammonitenarten, die keine planspiralen Gehäuse besitzen, in der Oberkreide eine Typolyse, d. h. eine stammesgeschichtliche Degeneration. Spätere Funde belegen das Auftreten solcher Formen auch in anderen Epochen. Die unhaltbar gewordene antidarwinistische „Typostrophen-Theorie" wurde z. B. durch Korn widerlegt.[40]

Aussterben

Vor dem endgültigen Aussterben der Ammoniten an der Kreide-Tertiär-Grenze bzw. Kreide/Paläogen-Grenze überlebten die Ammoniten drei der fünf größten Massenaussterbe-Ereignisse der Erdgeschichte. Bereits im Oberdevon (Kellwasser-Event) gab es einen starken Einschnitt in der Diversität der Ammoniten. Einen zweiten deutlich stärkeren Einschnitt gab es an der Perm-Trias-Grenze, als es zum größten Massenaussterben der Erdgeschichte kam. Hier starben nach Schätzungen etwa 75–90% aller Tierarten aus. Das dritte Massenaussterben der Ammoniten liegt an der Trias-Jura-Grenze. Bei den ersten drei Ereignissen haben jeweils nur wenige Ammonitenarten überlebt. Von diesen ging jedoch kurz danach eine enorme Radiation aus, welche oft die vorherige Formenvielfalt übertraf. Die Ursachen für diese Massenaussterben sind umstritten; klimatische und astronomische Ursachen (Meteoriteneinschläge, KT-Impakt) werden ebenso diskutiert wie u. a. aufgrund von Kontinentaldrift veränderte Meeresströmungen mit tiefgreifendem Wechsel im Nahrungsangebot, der Temperaturverteilung im Meer und der Wassertiefe – also rapiden Änderungen der paläoökologischen Bedingungen. Nach den Darlegungen von Kruta[21] und Tanabe[23] starben die Ammoniten auch infolge ihrer planktonischen Lebensphase aus. Demzufolge waren die frischgeschlüpften Ammoniten - mit einem Gehäusedurchmesser von etwa 0,5 – 2 mm - möglicherweise selbst Teil des Zooplanktons, aber ihrerseits auf Plankton als Nahrung angewiesen. Generell ist das Kreide-Paläogen-Massenaussterben auch als Planktonkrise, von der vor allem das kalkige Nanoplankton betroffen war, bekannt. Es ist wahrscheinlich, dass im Zuge der Planktonkrise die Jungtiere ohne ihre Nahrungsgrundlage einfach verhungerten. Aber auch die Adulttiere mit modifizierten Unterkiefern (Aptychen) waren auf Plankton als Nahrung angewiesen und somit direkt von der Planktonkrise betroffen.

Systematik

Die Bezeichnung **Ammonoidea** Zittel 1884 umfasst neben den eigentlichen Ammoniten des Jura und der Kreide eine Reihe weiterer Formen, die klassischerweise als Ordnungen geführt werden (Gattungslisten unvollständig). Die Brauchbarkeit dieses taxonomischen Konzept der Hierarchien wird in der Rezentbiologie spätestens seit 1999 infrage gestellt und immer seltener genutzt.[41] . Stattdessen ist nur noch von Taxa (Sing. Taxon) die Rede, welche sich durch Apomorphien (einmalig neu erworbene Merkmale) unterscheiden müssen. Die Unterteilung in Ammoniten-Großgruppen erfolgt heutzutage primär nach der Ausgestaltung der Primärsutur. Die Primärsutur ist die Lobenlinie des ersten echten in Perlmutt angelegten Septums (Kammerscheidewand). Man unterscheidet in trilobate- (Paläoammonoidea, Devon-Perm), quadrilobate- (Mesoammonoidea Oberperm-Trias; sekundär vereinfacht bei heteromorphen Ammoniten der Kreidezeit), quinquelobate- (Neoammonoidea, die Ammoniten im engeren Sinne (Jura-Kreide) und sixlobate (Tetragoniten eine Teilgruppe der Lytoceraten aus der Oberkreide) Primärsuturen.[36] Einen aktuellen Überblick über die phylogenetischen Zusammenhänge alle größeren Ammonitentaxa oberhalb des Gattungsniveaus geben Rouget et al.[42] Für einen detaillierteren Einblick in die Ammonitensystematik werden folgende Standardwerke empfohlen:[43] alle Ammonoideen von Devon bis Kreide leider stark veraltet,[44] enthält nur die Kreideammoniten sowie Teile der Reihe Fossilium Catalogus I: Animalia.

Ammonoidea

- Ordnung **Agoniatitida** (Gattungen *Agoniatites, Anarcestes, Maenioceras, Prolobites, Manticoceras, Beloceras*)
- Ordnung **Clymeniida** ? frühe Goniatiten (Gattungen *Acanthoclymenia, Gonioclymenia, Hexaclymenia, Wocklumeria, Platyclymenia, Clymenia, Parawocklumeria*)
- Ordnung **Goniatitida** ? Echte Goniatiten (Gattungen *Tornoceras, Cheiloceras, Sporadoceras, Gattendorfia, Ammonellipsites, Goniatites, Gastrioceras, Schistoceras, Perrinites, Cyclolobus*)
- Ordnung **Prolecanitida** ? frühe Ceratiten (Gattungen *Prolecanites, Medlicottia, Sageceras*)
- Ordnung **Ceratida** ? Echte Ceratiten (Gattungen *Xenodiscus, Otoceras, Beneckeia, Ceratites, Cloristoceras, Tropites, Cladiscites, Ptychides, Pinacoceras*)
- **Neoammonoidea**

- Ordnung **Phylloceratida** (Gattungen *Phylloceras, Leiophyllites*)
- "Ordnung" **Lytoceratida** (Gattungen *Lytoceras* u. a.)
- "Ordnung" **Ancyloceratida** (Gattungen *Ancyloceras, Macroscaphites, Crioceratites, Baculites, Turrilites, Bostrychceras, Scaphites, Hoploscaphites, Douvilleiceiras, Parahoplites, Deshayesites*)
- Ordnung **Ammonitida** Echte Ammoniten (Mehrere Überfamilien)

  - Psilocerataceae (Gattungen *Psiloceras, Schlotheimia, Arietites, Echioceras, Oxynoticeras*)
  - Eoderocerataceae? ?Ringripper? (Gattungen *Eoderoceras, Androgynoceras, Amaltheus, Pleuroceras, Dactylioceras*)
  - Hildocerataceae? ?Sichelripper? (Gattungen *Harpoceras, Hildoceras, Leioceras, Ludwigia, Sonninia, Oppelia*)
  - Stephanocerataceae (Gattungen *Stephanoceras, Macrocephalites, Kosmoceras, Quenstedtoceras*)
  - Perisphinctaceae (Gattungen *Perisphinctes, Ataxioceras, Rasenia, Gravesia, Aulacostaphanus, Virgatites, Aspidoceras, Polyptychides*)
  - Weitere Gattungen (ehemals Überfamilien Desmocerataceae und Hoplitaceae): *Callizoniceras, Pachydiscus, Leymeriella, Schloenbachia, Tissotia, Flickia.*

Discoscaphites iris aus der Oberkreide

Perisphinctes im Berliner Museum für Naturkunde

Ein Exemplar von *Hoploscaphites* aus Nordamerika. Die Gehäuseform weicht von der einfachen Spirale ab

Schmuck aus Ammoniten

Aus fossilen Überresten von Ammoniten kann sich der als Ammolit bezeichnete opaleszierende Edelstein bilden, der im Schmuckhandel auch unter den Namen *Calcentin* oder *Korit* angeboten wird.

Des Weiteren gibt es einige wenige Vorkommen von opalisierenden Muschelmarmoren, die aus Schalenresten von Ammoniten bestehen, wie beispielsweise den Bleiberger Muschelmarmor in Kärnten und weitere Vorkommen in Hall in Tirol in Österreich, die zu Broschen, Ringen, Dosen und als Tischeinlagerungen verarbeitet wurden. Weitere Muschelmarmore kommen bei Yelatma an der Oka im europäischen Russland, bei Folkestone in Südengland, bei Bakulites von Wyoming und bei Lethbridge in Alberta, Kanada vor.

Vollständig pyritisierte Ammoniten werden im Volksmund als **Goldschnecken** bezeichnet und, wie auch geschnittene und polierte Exemplare, in Schmuckstücke (z. B. Amulette) eingearbeitet.

Einzelnachweise

[1] Zittel, K. A. 1884. Handbuch der Paläontologie: Abt. 1, Band 2, 893 Seiten.

[2] Thenius, E. 1996. Fossilien im Volksglauben. Kramer Frankfurt/M.

[3] Keupp, H. 2000. Ammoniten − Paläobiologische Erfolgsspiralen. 165 Seiten.

[4] Schindewolf, O. H. 1961−1968. Studien zur Stammesgeschichte der Ammoniten. Abhandlungen der Akademie der Wissenschaften und der Literatur in Mainz, Mathematisch-Naturwissenschaftliche Klasse.

[5] Denton, E. J., Gilpin-Brown, J. B. 1966. On the buoyancy of the pearly Nautilus. Journal of the Marine Biological Association U.K. 46: 723−759.

[6] Denton, E. J. 1974. On buoyancy and the lives of modern and fossil cephalopods. Proceedings of the Royal Society of London, Series B, Biological Sciences. 185: 273−299.

[7] Greenwald, L., Cook, C. B., Ward, P. 1982. The structure of the chambered Nautilus siphuncle: the siphuncular epithelium. Journal of Morphology. 172: 5−22.

[8] Klug, C., Meyer, E. P., Richter, U., Korn, D. 2008. Soft-tissue imprints in fossil and recent cephalopod septa and septum formation. Lethaia. 41: 477−492.

[9] Hoffmann, R. 2010. New insights on the phylogeny of the Lytoceratoidea (Ammonitina) from the septal lobe and its functional interpretation. Revue de Paléobiologie. 29 (1): 1−156.

[10] Doguzhaeva, L. A., Mutvei, H. 1991. Organization of the soft body in Aconeceras (Ammonitina), interpreted on the basis of shell morphology and muscle-scars. Palaeontographica A. 218: 17−33.

[11] Jordan, R. 1968. Zur Anatomie mesozoischer Ammoniten nach den Strukturelementen der Gehäuseinnenwand. Beihefte zum Geologischen Jahrbuch. 77: 1−64.

[12] Richter, U. 2002. Gewebeansatz-Strukturen auf pyritisierten Steinkernen von Ammonoideen. Geologische Beiträge Hannover. 4: 1−113.

[13] Kröger, B., Vinther, J. Fuchs, D. 2011. Cephalopod origin and evolution: A congruent picture emerging from fossils, development and molecules. BioEssays: doi: 10.1002/bies.201100001 (http://dx.doi.org/10.1002/bies.201100001) 12 Seiten.

[14] Fuchs, D., Boletzky, S. v., Tischlinger, H. 2010. New evidence of functional suckers in belemnoid coleoids (Cephalopoda) weakens support for the "Neocoleoidea" concept. Journal of Molluscan Studies. 2010: 1−3.

[15] Klug, C. 2010. Konnten Ammoniten schwimmen. Fossilien 2010 (2): 83−91.

[16] Shigeno, S., Sasaki, T., Moritaki, T., Kasugai, T., Vecchione, M., Agata, K. 2008. Evolution of the Cephalopod Head Complex by assembly of Multiple Molluscan Body parts: Evidence from Nautilus embryonic development. Journal of Morphology. 269: 1−17.

[17] Lehmann, U. 1990. Ammonoideen. Haeckel Bücherei, 257 Seiten.

[18] Keupp, H., Riedel, F. 2009. Remarks on the possible function of the apophyses of the Middle Jurassic microconch ammonite *Ebrayiceras sulcatum* (ZIETEN, 1830), with a discussion on the palaeobiology of Aptychophora in general. Neues Jahrbuch fur Geologie und Palaontologie, Abhandlungen. 255: 301−314.

[19] Landman, N. H., Johnson, R. O., Garb, M. P., Edwards, L. E., Kyte, F. T. 2010. Ammonites from the Cretaceous/Tertiary Boundary, New Jersey, USA. 287−295. Tokai University Press.

[20] Walton, S. A., Korn, D., Klug, C. 2010. Size distribution of the Late Devonian ammonoid Prolobites: indication for possible mass spawning events. Swiss J. Geosciences. 103: 475−494.

[21] Kruta, I., Landman, N., Rouget, I., Cecca, F., Tafforeau, P. 2011. The Role of Ammonites in the Mesozoic Marine Food Web Revealed by Jaw Preservation. Science. 331: 70−72.

[22] Engeser, T., Keupp, H. 2002. Phylogeny of the aptychi-possessing Neoammonoidea (Aptychophora nov., Cephalopoda). Lethaia. 34: 79−96.

[23] Tanabe, K. 2011. The feeding habits of Ammonites. Science. 331: 37−38.

[24] Tanabe, K., Fukuda, Y., Kanie, Y., Lehmann, U. 1980. Rhyncholites and conchorhynchs as calcified jaw elements in some Late Cretaceous ammonites. Lethaia. 13 (2): 157−168.

[25] Schweigert, G. 2009. First three-dimensionally preserved in situ record of an aptychophoran ammonite jaw apparatus in the Jurassic and discussion of the function of aptychi. Berliner Paläobiologische Abhandlungen. 10: 321−330.

[26] Moriya,K., Nishi, H., Kawahata, H., Tanabe, K., Takayanagi, Y. 2003. Demersal habitat of Late Cretaceous ammonoids: Evidence from oxygen isotopes for the Campanian (Late Cretaceous) northwestern Pacific thermalstructure. Geology. 31 (2): 167−170.

[27] Kröger, B. 2001. Discussion - Comments on Ebel´s benthic-crawler hypothesis for ammonoids and extinct nautiloids. Paläontologische Zeitschrift. 75 (1): 123−125.

[28] Kröger, B. 2002. On the efficiency of the buoyancy apparatus in ammonoids: evidences from sublethal shell injuries. Lethaia. 35: 61−70.

[29] Daniel, T. L., Helmuth, B. S., Saunders, W. B., Ward, P. D. 1997. Septal complexity in ammonoid cephalopods increased mechanical risk and limited depth. Paleobiology. 23 (4): 470−481.

[30] Hölder, H. 1952. Über den Gehäusebau, insbesondere den Hohlkiel jurassischer Ammoniten. Palaeontographica, Abteilung A. 102: 18−48.

[31] Schweigert, G., Scherzinger, A., Parent, H. 2011. Geschlechtsunterschiede bei Ammoniten: Ungewöhnliches Beispiel aus dem Oberjura. Fossilien. 2011 (1): 51−56.

[32] Callomon, J. H. 1981. Dimorphism in ammonoids. The Systematics Association Special Volume. 18: 257−273.

[33] Kröger, B., Mapes, R. H. 2007. On the origin of bactritoids (Cephalopoda). Paläontologische Zeitschrift. 81 (3): 316−327.

[34] Klug, C., Korn, D. 2004. The origin of ammonoid locomotion. Acta Palaeontologica Polonica. 49 (2): 235−242.

[35] Klug C., Kröger B., Kiessling W., Mullins G. L., Servais T., Frýda J., Korn D., Turner S. 2010. The Devonian nekton revolution. Lethaia.
      43: 465–477.

[36] Korn, D., Ebbighausen, V., Bockwinkel, J., Klug, C. 2003. The A-Mode sutural ontogeny in Prolecanitid Ammonoids. Palaeontology. 46
      (6): 1123–1132.

[37] Warnke, K., Keupp, H. 2005. *Spirula* - a window to the embryonic development of ammonoids? Morphological and molecular indications
      for a palaeontological hypothesis. Facies. 51: 65–70.

[38] Schindewolf, O. H. 1945. Darwinismus oder Typostrophismus?. Különnyomat a Magyar Biologiai Kutatóintézet Munkáiból. 16: 104–177.

[39] Schindewolf, O. H. 1947. Fragen der Abstammungslehre. Aufsätze und Reden der Senckenbergischen Naturforschenden Gesellschaft. 1947:
      1–23.

[40] Korn, D. 2003. Typostrophism in Palaeozoic Ammonoids?. Paläontologische Zeitschrift. 77 (2): 445–470.

[41] Ax, P. 1995. Das System der Metazoa I - ein Lehrbuch der phylogenetischen Systematik. Gustav Fischer Verlag, 226 Seiten.

[42] Rouget, I., Neige, P., Dommergues, J.-L. 2004. Ammonites phylogenetic analysis: state of the art and new prospects - L'analyse
      phylogénétique chez les ammonites: état des lieux et perspectives. Bulletin de la Société Géologique de France. 175 (5): 507–512.

[43] Moore, R. C. 1957. Treatise on Invertebrate Paleontology Part L Mollusca 4 Cephalopoda Ammonoidea. Geological Society of America and
      University of Kansas Press. 490 Seiten.

[44] Kaesler, R. L. 1996. Treatise on Invertebrate Paleontology Part L Mollusca 4 Revised Volume 4: Cretaceous Ammonoidea. Geological
      Society of America Inc. and The University of Kansas. 362 Seiten.

Literatur

- Ulrich Lehmann: *Ammoniten. Ihr Leben und ihre Umwelt* 2. Auflage. Enke, Stuttgart 1987. ISBN 3-432-88532-6
  (gute Einführung, ohne systematischen Teil)
- A. H. Müller: *Lehrbuch der Paläozoologie*. Bd II/2. Invertebraten. Teil 2. Mollusca 2 – Arthropoda 1. 4. Auflage.
  Friedrich Pfeil, München 1994. ISBN 3-89937-017-1 (Lehrbuch mit systematischem Teil, Darstellung)
- A. E. Richter: *Ammoniten. Überlieferung, Formen, Entwicklung, Lebensweise, Systematik, Bestimmung.*
  Franckh-Kosmos, Stuttgart 1982. ISBN 3-8112-1166-8 (Überblick, eher für Sammler; Lehmann bietet mehr und
  genaueres zur Biologie)
- Rudolf Schlegelmilch: *Die Ammoniten des süddeutschen Lias.* Gustav Fischer, Stuttgart 1976. ISBN
  3-437-30238-8
- R. Schlegelmilch: *Die Ammoniten des süddeutschen Dogger.* Gustav Fischer, Stuttgart 1985. ISBN
  3-437-30488-7
- R. Schlegelmilch: *Die Ammoniten des süddeutschen Malms.* Gustav Fischer, Stuttgart 1994. ISBN 3-437-30610-3
  (Drei Beispiele für Monografien der Ammoniten in einem geographischen Raum, in dem klassische Arbeiten zu
  Ammoniten entstanden. Hervorragende Zeichnungen und umfassende Beschreibungen, zahlreiche Abbildungen
  von Typusexemplaren. Standardwerke für die Bestimmung.)
- *Zum Ober-Bathonium (Mittlerer Jura) im Raum Hildesheim, Nordwestdeutschland - Mega- und
  Mikropaläontologie, Biostratigraphie.* Geologisches Jahrbuch. Reihe A. H. 121. Hannover 1990, S. 21–63.
- H. Keupp: *Ammoniten. Paläobiologische Erfolgsspiralen.* Jan Thorbecke, Stuttgart 2000. ISBN 3-7995-9086-2
  (umfassendes Nachschlagewerk)

Weblinks

- Website Dr. René Hoffmann, Ruhr-Universität Bochum (http://www.ruhr-uni-bochum.de/pal/Hoffmann.htm)
- The Paleobiology Database Ammonoidea (http://paleodb.org/cgi-bin/bridge.pl?action=checkTaxonInfo&
  taxon_no=14505&is_real_user=1)
- Ammoniten im Fossilienatlas WiKi (http://www.mineralienatlas.de/lexikon/index.php/Ammoniten)
- Herbert Summesberger: *Die Bergung des Riesenammoniten von Gosau* (http://www.gosaunet.at/tipps/
  wasser-berge-schnee/der-riesenammonit-von-gosau.html)
- AMMON: Online-Datenbank paläozoischer Ammoniten, Dieter Korn & August Ilg (http://www.wahre-staerke.
  com/ammon/) (englisch)
- *GONIAT Online*, Online-Datenbank paläozoischer Ammonoideen (http://www.goniat.org/) (englisch)
- Lebensweise von Ammoniten, Klaus Ebel (http://www.ebel-k.de/)

Solnhofener_Plattenkalk

Solnhofener Plattenkalk oder auch **Solnhofener Kalkstein** ist die Bezeichnung für einen Naturwerkstein des Altmühljura. Er wird im Handel auch kurz als *Solnhofener* bezeichnet. Die lithostratigraphische Gesteinseinheit der Solnhofen-Formation wird zu einem großen Teil aus Solnhofener Plattenkalk aufgebaut.

Vorkommen und Entstehung

Solnhofener Plattenkalk kommt in der Region um Solnhofen, Langenaltheim, im Westen von Eichstätt, Mörnsheim, Blumenberg, Schernfeld, Rupertsbuch und Wintershof in zahlreichen Steinbrüchen in Mittelfranken und Oberbayern vor. Entstanden ist er durch schichtweise Ablagerungen in periodisch vom Meer mit frischem Wasser gefluteten Lagunen in der Zeit des Oberjura. In diesen Lagunen war der Salzgehalt bedeutend höher, dadurch wurden Tiere und Pflanzen an der Verwesung gehindert und blieben auch in Details als Versteinerungen erhalten.

Abbau- und Wirtschaftsgeschichte

Bereits die Römer verwendeten im 2. Jahrhundert diesen Kalkstein als Bodenplatten für ein Kaltwasserbecken in einer Villa in Theilenhofen, einem Ort bei Weißenburg in Bayern. Im 9. Jahrhundert sind Solnhofener Kalkplatten in der Sola-Basilika in Solnhofen verlegt worden. 1423 wurde in einem Steinbruch am Solaberg dieser Kalkstein abgebaut. Der Bodenbelag aus dem 15. Jahrhundert der Hagia Sofia in Konstantinopel besteht aus Solnhofener Platten. Bereits im Jahre 1596 gab es die erste Genehmigung zum Abbau von Solnhofener Platten und erste Steinbrüche wurden auf dem Gebiet von Eichstädt eröffnet. 1674 erließ der Fürstbischof Marquard Schenck von Castell eine erste Steinbruchordnung, da der Abbau stets zunahm und eine Kontrolle erforderte.

Der Absatz des Solnhofener Plattenkalkstein stieg 1796 durch die Erfindung der Lithographie durch Alois Senefelder erheblich an und im Jahr 1857 gründete sich als Folge des wirtschaftlichen Aufschwungs der „Solenhofer Aktien-Verein", der die Lithographiesteine weltweit exportierte.

Im Jahr 1828 erfand der Eichstätter Glasermeisters Johann Weitenhiller die so genannten Zwicktaschen. Dies waren die aus dem Steinbruch gewonnenen Dachsteine, die in die ungefähre Form der so genannten Biberschwänze mit der von Weitenhiller erfunden Zwickzange gebrochen wurden. Abschließend wurde in die unter 2 cm dicken Steinplatten an der oberen Seite der Zwicktasche ein Loch gebohrt, das zur Befestigung am Dachsparren mittels eines Nagels diente. Mit dieser Erfindung wurden damals Steinbrüche wieder wirtschaftlich, in denen lediglich dünne Platten gewonnen werden konnten.

Anwendung des Steins für die Lithographie

Solnhofener Plattenkalk, polierte Oberfläche. Muster ca. 12x15 cm

Zwicktasche und Zwicktaschenbohrer

Der Absatz von Solnhofener Plattenkalkstein ließ im Jahr 1909 nach und es gab aufgrund einer Lohnkürzung einen Streik der 900 bis 1200 tätigen Arbeiter der Steinindustrie, die in einer christliche Gewerkschaft organisiert waren.

1913 setzte sich das Offsetverfahren gegenüber der Lithographie durch und es kam zu Umsatzrückgängen, in dem später einsetzenden Ersten Weltkriegs kam auch das Exportgeschäft zum Erliegen.

Nach dem Ende des Ersten Weltkriegs wurden zwar noch in geringem Umfang Lithographiesteine gebrochen, dafür aber Wand- und Bodenplatten hergestellt. Dennoch konnte nicht an die wirtschaftliche Zeit vor dem Ersten Weltkrieg angeknüpft werden, und die Weltwirtschaftskrise des Jahres 1929 ging mit einem weiteren Rückgang der Umsätze einher. Mit der Machtergreifung der Nationalsozialisten im Jahre 1933 stellte sich eine Besserung der Auftrags- und Beschäftigungslage ein, denn sie präferierten aus nationalistischen Gründen die Verwendung einheimischer Gesteinsvorkommen und damit auch der Solnhofener Platten für Repräsentationsbauten. Doch nach dem Beginn des Zweiten Weltkriegs kam die Natursteinverwendung zum Erliegen. Aber bereits ab 1946 konnten die Solnhofener Kalkplatten wieder einen Nachfrage-Aufschwung verzeichnen, was aus dem Mangel an Rohstoffen und aus dem erheblichen Nachholbedarf durch die Zerstörungen des Zweiten Weltkrieges erklärbar ist. Nachdem jedoch keramische Platten in den 1950er Jahren in Konkurrenz zu den Solnhofener Kalkplatten traten, ging der Inlandumsatz zurück. Die Solnhofer Betriebe reagierten ab 1970 mit einer Intensivierung ihres Exportgeschäfts. Es gab mit dem Zusammenbruch des sozialistischen Lagers einen Aufschwung, aber mit der Globalisierung sind chinesische Billig-Produkte aus Naturstein eine starke Konkurrenz auch für den Solnhofener Plattenkalk.[1]

Gesteinsbeschreibung und Gewinnung

Es handelt sich um einen dichten, cremefarbenen bis ockergelben Kalkstein, der plattig abgesondert wurde. Auf den Schichtflächen finden sich teilweise Dendriten, die entweder aus Eisen- oder Manganoxiden entstanden sind und wie Farne oder Bäumchen aussehen können.

Die Solnhofener Kalkplatten werden in Steinbrüchen gewonnen. Die Arbeitsweise ist aufgrund des geschichteten Gesteins, das keinen Maschineneinsatz zulässt, seit Jahrhunderten unverändert. Die Hackstockmeister brechen den Stein mit Pickeln aus dem Steinbruch und erhalten so ein Paket, das mehrere geschichtete Platten enthält. Diese werden mit Hammer und Meißel gespalten und in Paletten in das Werk transportiert. Dort werden sie entweder weiter bearbeitet oder sie gelangen im Rohzustand als Platten mit bruchrauer Oberfläche in den Handel.

Steinbruch Solnhofen im Mai 2004

Verwendung

Der größte Anteil der Solnhofener Platten wird seit vielen Jahrhunderten und weltweit für Boden- und Treppenbeläge, Wandfliesen oder für historische Grabmale, vor allem Epitaphe in historischen Gebäuden verwendet, sowie regional und vor allem historisch als Kalkplattendach beim sogenannten Jurahaus. Größere Bekanntheit und Verwendung erlangte Solnhofener Plattenkalk durch die Erfindung der Lithographie (Bilderdruck für Bücher, Landkarten etc.) durch Alois Senefelder, wofür die Feinkörnigkeit des Solnhofener Plattenkalks Voraussetzung war.

Es ist einer der dichtesten Kalksteine, der sich im Handel befindet. Sein Verwitterungsverhalten ist mäßig, denn er neigt beim Außenverbau zu Anlösungen, Aufrauungen bis hin zu Abplatzungen und Ausbrüchen. Er ist für den Innenausbau gut geeignet. Er wird häufig spaltrau. fein geschliffen oder in bruchrau-angeschliffener Oberfläche verwendet. Für eine Verwendung als Außenfassade ist er nicht geeignet. Früher wurden die Platten in einer Dicke von 12 bis 22 Millimeter für Wand- und Bodenbeläge verwendet; mit der Einführung maschineller Methoden sind die Platten in einer einheitlichen Stärke von 10 Millimeter lieferbar. Die maximale Dicke der lieferbaren Platten beträgt 30 Zentimeter und die maximale Länge liegt bei 2 Metern. Solnhofener Plattenkalk ist besonders zum Einbau über Fußbodenheizungen geeignet.

Das Kaisergrab von Heinrich II. und Kunigunde im Bamberger Dom und das Grabmal von Aloisius Senefelder bestehen aus Solnhofer Plattenkalk. Im 16. und 17. Jahrhundert war Solnhofener Stein ein bei Künstlern beliebtes Material für kleinformatige Reliefs.

Vorbereitung der Rohplatten im Steinbruch

Zurichtung der Lithographietafeln

Kulturgüter aus Solnhofener Plattenkalk

Kunigunde (rechts) schreitet über glühende Pflugscharen, Grabmal von Tilman Riemenschneider aus den Jahren 1499 bis 1513 im Bamberger Dom

Das Urteil des Paris, Solnhofener Plattenkalk um 1529 von Thomas Hering (Bode-Museum Berlin)

Adam und Eva (Der Sündenfall), Nürnberg 1514 von Ludwig Krug, 1514 (Bode-Museum in Berlin)

Salome zeigt Herodes Antipas das Haupt Johannes des Täufers, Nürnberg um 1648 aus der Werkstatt von Georg Schweigger

Fossilien und andere Einschlüsse

Die Solnhofener Plattenkalke gelten als eine der bedeutendsten Fossillagerstätten der Welt. Hier wurden alle zehn bisher bekannten Exemplare des als „Urvogel" bezeichneten gefiederten Dinosauriers *Archaeopteryx* gefunden. Diese Fossilien machten den Solnhofener Plattenkalk international bekannt, auch wegen der oft erhaltenen Details (Weichteile, Pflanzenteile, Libellenflügel, Federn etc). Bedeutende Museen sind in Eichstätt das Jura-Museum auf der Willibaldsburg und das Museum Bergér in Eichstätt-Harthof, sowie das Bürgermeister-Müller-Museum in Solnhofen. Eine weitere Sammlung befindet sich im Museum für Mineralogie und Geologie Dresden.

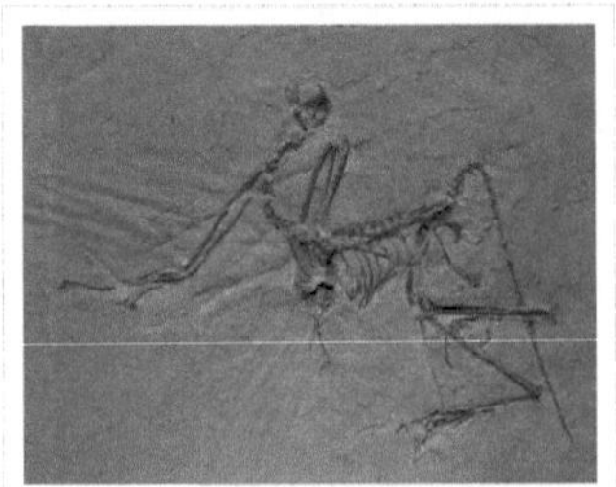

Archaeopteryx bavarica in Solnhofener Plattenkalk

Auch Nicht-Paläontologen (z.B. Familien) können sich, in besonders ausgewiesenen Steinbrüchen, an der Fossiliensuche beteiligen. Selbst gefundene Fossilien können im Regelfall behalten werden.

Relativ häufig finden sich im Plattenkalk auf Kluftflächen dendritisch auffällige Krusten von Eisen- und Manganverbindungen, die einen Pflanzenabdruck vortäuschen können. Diese Ausbildungen haben jedoch eine rein chemisch-mineralogische Ursache und beruhen auf Diffusionsvorgängen. Vergleichbare Erscheinungen treten auch an anderen Gesteinen auf.

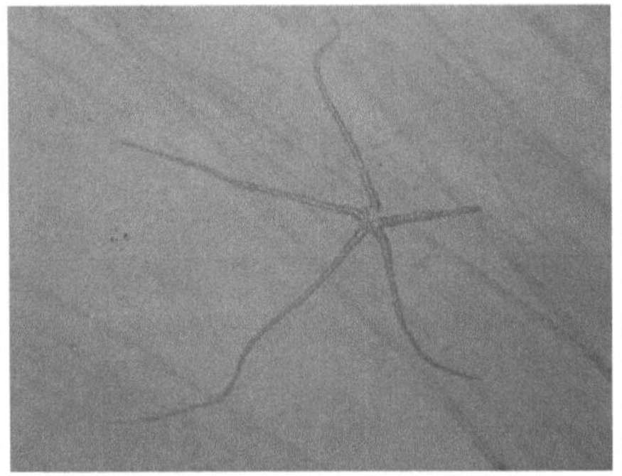

Fossiler Schlangenstern im Plattenkalkstein

Dendriten auf der gespaltenen Oberfläche

Literatur

- Wolf-Dieter Grimm; Ninon Ballerstädt: *Bildatlas wichtiger Denkmalgesteine der Bundesrepublik Deutschland.* (Arbeitshefte des Bayerischen Landesamtes für Denkmalpflege, H. 50), Lipp-Verlag, München 1990, ISBN 3-87490-535-7
- Friedrich Müller: *INSK kompakt: die internationale Naturwerksteinkartei für den aktuellen Markt.* Blatt 69.3. Ebner Verlag Ulm. 1. Auflage 1997.

Weblinks

- Solnhofen-Fossilienatlas: Die bedeutendste Seite über die Plattenkalk-Fossilien [2]
- Der Solnhofener Plattenkalk und seine Fossilien [3]
- Fossilien aus dem Solnhofener Plattenkalk [4]
- Besuchersteinbruch Mühlheim [5]

Einzelnachweis

[1] Die Wirtschaftsgeschichte von Solnhofener Platten und Jura-Marmor auf solnhofen-fossilienatlas.de (http://www.solnhofen-fossilienatlas.
    de/artikel.php?artikel_id=14). Abgerufen am 17. Juli 2010
[2] http://www.solnhofen-fossilienatlas.de/
[3] http://www.fossilien-solnhofen.de/
[4] http://www.fossilien-online.de/
[5] http://www.besuchersteinbruch.de/gesteineundfossilien.html

Kopffüßer

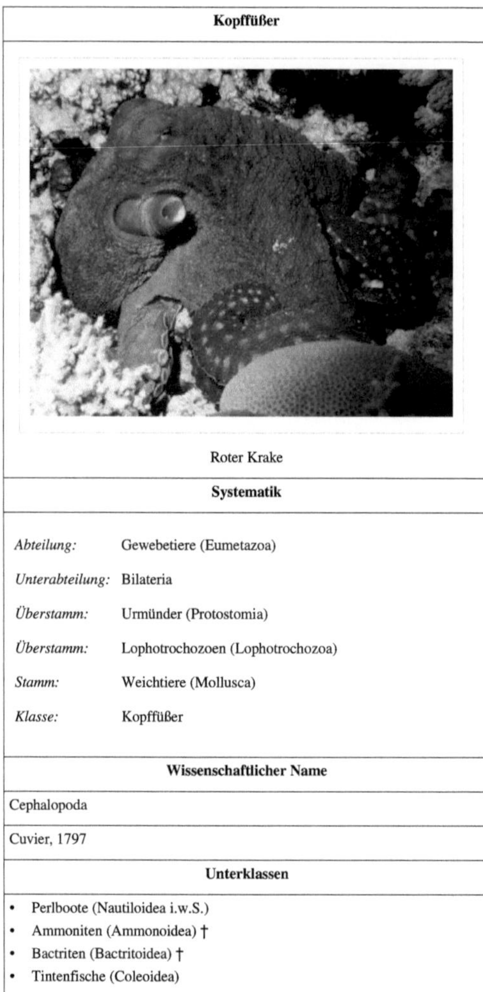

Roter Krake

Systematik	
Abteilung:	Gewebetiere (Eumetazoa)
Unterabteilung:	Bilateria
Überstamm:	Urmünder (Protostomia)
Überstamm:	Lophotrochozoen (Lophotrochozoa)
Stamm:	Weichtiere (Mollusca)
Klasse:	Kopffüßer

Wissenschaftlicher Name
Cephalopoda
Cuvier, 1797

Unterklassen
• Perlboote (Nautiloidea i.w.S.)
• Ammoniten (Ammonoidea) †
• Bactriten (Bactritoidea) †
• Tintenfische (Coleoidea)

Die zoologische Klasse der **Kopffüßer** (Cephalopoda) ist eine Tiergruppe, die zu den Weichtieren (Mollusca) gehört und nur im Meer vorkommt. Dabei gibt es sowohl pelagische, also freischwimmende Arten, als auch benthische Arten, also solche, die am Boden leben. Derzeit sind etwa 1000 heute lebende und über 30.000 fossile Arten bekannt. [1]

Gliederung des Körpers

Kopffüßer besitzen einen Körper, der aus einem Rumpfteil (mit Eingeweidesack), einem Kopfteil mit anhängenden Armen und einem auf der Bauchseite gelegenen taschenförmigen Mantel besteht. Die Orientierung der Körpergliederung entspricht dabei nicht der bevorzugten Fortbewegungsrichtung. Der vordere Teil des Fußes ist bei Kopffüßern zum Trichter und zu acht, zehn oder über 90 Fangarmen (Tentakeln) entwickelt. Der Hohlraum des Mantels, die so genannte Mantelhöhle, birgt meist zwei (bei den *Nautiloidea:* vier) Kiemen und mündet durch ein Rohr (Hyponom oder Trichter genannt) nach außen. Der Mund ist von streckbaren Fangarmen (Tentakeln) umgeben. Am Mund befindet sich bei rezenten Arten ein papageienartiger Schnabel mit Ober- und Unterkiefer sowie eine Raspelzunge (Radula).

Medianschnitt durch ein Gehäuse eines Perlbootes (*Nautilus*) mit Wohnkammer und gekammertem Phragmokon

Schale, Hartteile und Auftriebskörper

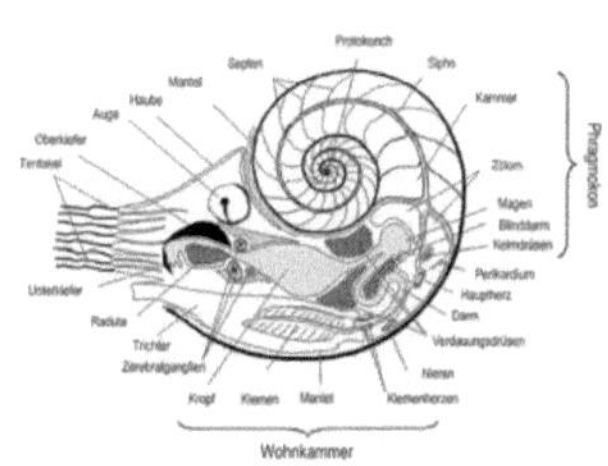

Schema der Weichteile eines Nautilus

Die ursprünglicheren Arten, wie die Nautiloiden und die ausgestorbenen Ammoniten, verfügen über ein kalkiges Gehäuse aus Aragonit, das ihnen als Außenskelett Schutz und Halt gibt. Die Schale dieses Gehäuses ist dreischichtig: unter dem äußeren Periostracum, dem Schalenhäutchen aus dem Glykoprotein Conchin, liegt die äußere Prismenschicht (Ostracum) aus prismatischem Aragonit. Die innere Schicht, das Hypostracum, besteht wie die Septen aus Perlmutt. Die Gehäuse sind in die eigentliche Wohnkammer und einen Abschnitt mit gasgefüllten Kammern (Phragmokon) unterteilt. Mit Hilfe dieses gasgefüllten Teils kann das Gehäuse in der Wassersäule schwebend gehalten werden. Der heutige *Nautilus* (Perlboot) kann das Gehäuse aber nicht zum Auf- und Abstieg in der Wassersäule benutzen, da jeweils zu wenig Wasser in das Gehäuse hinein oder herausgepumpt werden kann (ca. 5 g), sondern er bewegt sich mit Hilfe des Rückstoßprinzips des Trichters fort (auch senkrecht in der Wassersäule). Bei den ausgestorbenen Ammoniten wird neuerdings aber diskutiert, ob bei dieser Gruppe nicht doch ein Auf- und Abstieg in der Wassersäule durch Veränderung des Gas- bzw. Wasservolumens in den Kammern möglich war. Allerdings sind die Internstrukturen der Gehäuse von Nautiloidea und Ammonoidea auch sehr verschieden.

Bei den innenschaligen Kopffüßern, etwa Sepien, Belemniten, Spirula oder einigen Kalmaren, sind die Hartteile vom Mantel umschlossen. Die ausgestorbenen Belemniten haben die Wohnkammer sukzessive bis auf einen dorsalen Löffel oder Stab (Proostracum) reduziert. Spirula besitzt eine im Gegensatz zu Ammoniten und Nautilus in Richtung Bauch orientierte Spirale aus Kalk, die in einzelne gasgefüllte Kammern gegliedert ist. Die Sepien haben dazu noch die ursprünglichen Septen, die ursprünglich etwa senkrecht zur Längsachse des Gehäuses standen, stark schräg gestellt und zu einem Schulp umgebaut, der aber noch Auftriebsfunktion hat. Die Kalmare haben das ursprüngliche kalkige Gehäuse dagegen unter Verlust der Mineralisation und damit des Auftriebs zu einem hornigen, länglichen Streifen (Gladius) im Mantel reduziert, der den Körper nur noch stützt. Bei den Octopoden ist das ehemalige Gehäuse bis auf knorpelähnliche Reliktstrukturen oder gar komplett reduziert. Kalmare und Octopoden haben zum Teil alternative Auftriebssysteme entwickelt (Ammoniak, ölige Substanzen etc.). In den heutigen Meeren dominieren die innenschaligen Kopffüßer (Coleoidea oder auch Dibranchiata).

Die außenschaligen Kopffüßer sind nur noch durch die fünf oder sechs Arten der Gattung *Nautilus* repräsentiert. Eine Art wird von manchen Forschern auch als Vertreter einer eigenen Gattung (*Allonautilus*) aufgefasst. Aus dem Fossilbericht sind über 10.000 Arten von ausgestorbenen Nautiloideen (Perlboot-artige) beschrieben worden. Die Zahl der ausgestorbenen Ammoniten ist bisher noch nicht exakt erfasst worden, dürfte jedoch in der Größenordnung von etwa 30-40.000 liegen.

Nervensystem

Das Nervensystem der Cephalopoden verfügt über ein hochentwickeltes Gehirn und zeichnet sich durch Riesen-Axone aus, die in der Übertragungsgeschwindigkeit an Wirbeltiere heranreichen. Die Arme verfügen aber auch über autonome eigene Nervenzentren, abgetrennte Arme sind so in der Lage, sich Futter zu nähern. Am Kopf befinden sich leistungsfähige Augen: Bei Nautilus Augen funktionieren sie nach dem Lochkammerprinzip, bei den anderen rezenten Arten nach dem Prinzip von Linsenaugen (everses Auge), die analog zu den Wirbeltieraugen (inverses Auge) aufgebaut sind und ein klassisches Beispiel für konvergente Evolution darstellen.

Weiterhin besitzen Kopffüßer Statozysten, welche seitlich des Gehirns liegen und Gravitation, Beschleunigung und Geräusche[2] [3] wahrnehmen können.

Kopffüßer, insbesondere Kraken, gehören zu den intelligentesten wirbellosen Tieren. Aus Lernexperimenten geht hervor, dass sie intelligenter als beispielsweise Reptilien sind. So sind Kraken in der Lage, gezielt Gegenstände aus verschlossenen Gläsern mit Schraubverschluss herauszuholen, indem sie den Deckel abschrauben.

Zirkulationssystem

Kopffüßer sind die einzigen Weichtiere, die ein geschlossenes Kreislaufsystem besitzen. Das Blut wird bei Coleoiden durch zwei Kiemenherzen, die an der Basis der Kiemen sitzen, zu den Kiemen gepumpt. Dies führt zu einem hohen Blutdruck und zu einem schnellen Fließen des Blutes, und ist notwendig um die relativ hohen Stoffwechselraten der Kopffüßer zu unterstützen. An den Kiemen erfolgt die Anreicherung des Blutes mit Sauerstoff. Das nun sauerstoffreiche Blut wird durch ein systemisches Herz zum Rest des Körpers gepumpt.

Atmung

Kiemen sind die primären Atmungsorgane der Kopffüßer. Eine große Kiemenoberfläche und ein sehr dünnes Gewebe (respiratorisches Epithel) der Kieme sorgen für einen effektiven Gasaustausch von sowohl Sauerstoff als auch Kohlenstoffdioxid. Da die Kiemen in der Mantelhöhle liegen, ist diese Art der Atmung an Bewegung gekoppelt. Bei Kalmaren und Oktopoden wurde ein wenn auch geringerer Teil der Atmung auf die Haut zurückgeführt[4] Wie bei vielen Weichtieren erfolgt der Sauerstofftransport im Blut der Kopffüßer nicht durch eisenhaltige Hämoglobine (wie u. a. bei Wirbeltieren), sondern durch kupferhaltige Hämocyanine. Außerdem befinden sich Hämocyanine sich nicht in speziellen Zellen (wie Hämoglobine in roten Blutkörperchen), sondern liegen frei im Blutplasma vor. Sind Hämocyanine nicht mit Sauerstoff beladen erscheinen sie durchsichtig und nehmen eine blaue Farbe an, wenn sie mit Sauerstoff binden.

Ernährung und Verdaung

Kopffüßer sind aktive Räuber, deren Diät ausschließlich aus tierischer Nahrung besteht. Die Beute wird visuell wahrgenommen und mit den Tentakeln, welche mit Saugnäpfen ausgestattet sind, gegriffen. Bei Kalmaren sind diese Saugnäpfe mit kleinen Haken versehen. Sepien und Nautilus ernähren sich hauptsächlich von kleinen auf dem Meeresboden lebenden Wirbellosen. Zur Beute der Kalmare gehören Fische und Garnelen, welche durch einen Biss in den Nacken paralysiert werden. Oktopoden sind nächtliche Jäger und jagen vor allem Schnecken, Krustentiere und Fische. Zur wirksamen Tötung ihrer Beute besitzen Oktopoden ein lähmendes Gift, welches in die Beute injiziert wird. Nach ihrer Aufnahme gelangt die Nahrung in den muskulären Verdauungstrakt. Die Nahrung wird durch peristaltische Bewegungen des Verdauungstraktes bewegt und hauptsächlich im Magen und im Blinddarm verdaut. Nach dem Passieren des Darms verlässt Unverdautes den Körper durch den Anus und gelangt beim Ausstoß des Wassers aus der Mantelhöhle durch den Trichter nach außen.

Fortbewegung

Als aktive Räuber verlassen sich Kopffüßer vor allem auf die Fortbewegung nach dem Rückstoßantrieb. Hierbei wird der Zwischenraum zwischen Kopf und Mantelwand durch das Zusammenziehen der Ringmuskeln des Mantels geschlossen und dadurch auch das Volumen der Mantelhöhle verringert. Durch den entstehenden Druck wird das Wasser durch den Trichter nach außen gezwungen und der Körper in die entgegengesetzte Richtung gestoßen. Durch Verändern der Stellung des Trichters kann die Fortbewegungsrichtung variiert werden. Die Seitenflossen dienen bei Kalmaren der Stabilisierung und bei Sepien, deren Seitenflossen einen großen Teil des Mantelrandes umfassen, dem „Schweben" und Bewegen durch wellenartigen Flossenschlag. Oktopoden sind mit dem Meeresboden (Benthos) assoziiert und kriechen mit Hilfe ihrer Tentakel. Allerdings greifen auch sie beim Fluchtverhalten auf den Rückstoßantrieb zurück.

Fortpflanzung

Viele Kopffüßer verfügen über ein ausgeprägtes Sexualverhalten. Zumeist gibt das Männchen nach ausgiebigem Vorspiel seine in Spermatophoren verpackten Spermien mit einem Arm, dem Hectocotylus, in die Mantelhöhle des Weibchens. Bei Papierbooten jedoch löst sich der Hectocotylus vom Männchen und schwimmt aktiv, von chemischen Botenstoffen des Weibchens angezogen (Chemotaxis), in deren Mantelhöhle. Die Eizellen des Weibchens werden beim Austreten aus dem Eileiter befruchtet und können in Trauben (Sepien, Octopus), oder in Schläuchen (Loligo), welche eine Vielzahl von Eiern enthalten, gelegt werden. Das Weibchen legt voluminöse und extrem dotterreiche Eier. Während der Embryonalentwicklung ernährt sich der Embryo von der gespeicherten Energie im Dotter. Weibliche Oktopoden säubern die gelegten Eier mit ihren Tentakeln und Wasserschüben.

Die Furchung während der Embryogenese erfolgt partiell-diskoidal und führt dazu, dass der sich entwickelnde Embryo um den Dotter wächst. Dabei wird ein Teil der Dottermasse nach innen verlagert (innerer Dottersack); ein oft größerer, mit dem inneren Dottersack verbundener, Teil der Dottermasse (äußerer Dottersack) verbleibt außerhalb des Embryos. Der Schlupf erfolgt nachdem oder auch bevor der äußere Dotter aufgebraucht wurde. Der innere Dotter dient als Nahrungsreserve für die Zeit zwischen dem Schlupf und der vollständigen Umstellung auf selbstständig erbeutete Nahrung. Nach dem Schlupf kümmern sich adulte Kopffüßer nicht um ihre Nachkommen.

Zu den Kopffüßern gehören die größten lebenden Weichtiere. Das größte bisher gefundene Exemplar gehört zu den Riesentintenfischen und war 23 m lang. Ammoniten erreichten eine Gehäusegröße von bis zu zwei Metern.

Physiologische Besonderheiten

Kopffüßer besitzen besondere Hautzellen, die sogenannten Chromatophoren. Diese enthalten ein Pigment (Farbstoff) und sind von winzigen Muskeln umgeben, welche an diesen anheften. Werden diese Muskeln angespannt, dehnt sich eine Chromatophorenzelle aus und ändert somit die Farbe an diesem Ort des Körpers. Das selektive Ausdehnen und Zusammenziehen von Chromatophoren ermöglicht die Veränderung der Farbe und des Musters der Haut. Dies spielt unter anderem bei Tarnung, Warnung und beim Paarungsverhalten eine wichtige Rolle. Beispielsweise lassen Sepien in Stresssituationen Farbstreifen wellenähnlich über den Körper laufen und können sich in Farbe und Muster einem Schachbrett anpassen.

Mit Hilfe von brauner oder schwarzer Tinte (bestehend aus Melanin und anderen chemischen Substanzen) können Kopffüßer ihre Fressfeinde erschrecken und täuschen. Die Tintendrüse liegt hinter dem Anus und entlässt die Tinte durch die Mantelhöhle und weiterhin durch den Trichter nach außen. Des Weiteren werden z.B. bei *Sepia officinalis* die vielen Schichten der Eihülle mit Tinte versehen, welche somit für die Tarnung der Embryos sorgt.

Innerhalb der Kalmare sind über 70 Genera mit Biolumineszenz bekannt. In mehreren Gattungen wird diese mit Hilfe von symbiotischen Bakterien erzeugt; in den anderen Gattungen jedoch durch eine Reaktion von Luciferin und Sauerstoff mit Hilfe des Enzyms Luciferase. Auf diese Weise biolumineszierende Zellen, sogenannte Photophoren, können der Tarnung und dem Paarungsverhalten (bei Tiefseeoktopoden) dienen. Außerdem können biolumineszierende Partikel mit der Tinte ausgestoßen werden.

Systematik

Klassifikation der Großgruppen der Kopffüßer (hierarchisch)

- Kopffüßer - Cephalopoda
  - Perlboote i.w.S. - Nautiloidea i.w.S.; zum Teil auch als Altkopffüßer (Palcephalopoda) bezeichnet. Hierzu zählen auch Teile der Geradhörner (Orthocerida) und weitere, meist nicht oder nur wenig eingerollte Nautiloideen (Ascocerida, Oncocerida, Discosorida, Tarphycerida)
- Die folgenden Gruppen werden auch unter dem Begriff Neukopffüßer (Neocephalopoda) zusammengefasst.
  - Ammoniten - Ammonoidea (Ammonshörner; ausgestorben)
  - Bactriten - Bactritoidea (ausgestorben)
  - Tintenfische - Coleoidea
    - Belemniten - Belemnoidea (Donnerkeile; ausgestorben)
    - Zehnarmige Tintenfische - Decabrachia
      - Posthörnchen - Spirulida (mit der einzigen rezenten Art *Spirula spirula*)
      - Kalmare - Teuthida
      - Sepien - Sepiida
      - Zwergtintenfische - Sepiolida
    - Achtarmige Tintenfische - Octobrachia/ Vampyropoda
      - Kraken - Octopoda
      - Cirrentragende Kraken - Cirroctopoda
      - Vampirtintenfischähnliche - Vampyromorpha (mit der einzigen rezenten Art *Vampyroteuthis infernalis*)

Phylogenetisches System der Großgruppen der Kopffüßer

Der Stammbaum (phylogenetisches System) der Kopffüßer ist bisher noch nicht völlig aufgeklärt. Einigermaßen sicher ist, dass die Tintenfische (Coleoidea), die Ammoniten (Ammonoidea), die Bactriten (Bactritida) und Teile der Geradhörner (hier die Unterklasse der Actinoceratoida) eine monophyletische Gruppe bilden, die auch als Neukopffüßer (Neocephalopoda) bezeichnet wird, während alle restlichen Kopffüßer als Perlboote i.w.S. (Nautiloidea i.w.S.) oder auch als Altkopffüßer (Palcephalopoda) zusammengefasst werden. Diese zweite Gruppe ist aber wahrscheinlich paraphyletisch, da mit einiger Sicherheit aus den Altkopffüßern die Neukopffüßer hervorgegangen sind.

Die Ammoniten sind im Devon aus Bactriten-ähnlichen Vorfahren entstanden. Auch die Tintenfische (Coleoidea) werden von den Bactriten abgeleitet. Die Bactriten sind daher eine para- oder polyphyletische Gruppierung, die aufgelöst werden müsste.

Die Tintenfische (Coleoidea) sind im Unterkarbon, möglicherweise schon im Unterdevon, aus Bactriten-ähnlichen Vorfahren entstanden. Innerhalb der Tintenfische stehen sich die ausgestorbenen Belemniten (Belemnoidea) auf der einen Seite und die Achtarmigen und Zehnarmigen Tintenfische auf der anderen Seite als Schwestergruppen gegenüber. Die letzteren beiden Schwestergruppen werden auch als Neutintenfische (Neocoleoidea) bezeichnet.

Literaturauswahl zur Phylogenie der Tintenfische

- Berthold, T. & T. Engeser: *Phylogenetic analysis and systematization of the Cephalopoda (Mollusca).* In: *Verhandlungen des naturwissenschaftlichen Vereins Hamburg.* new series, 29. 1987, 187-220.
- Bonnaud L., R. Boucher-Rodoni, M. Monnerot: *Phylogeny of Cephalopods Inferred from Mitochondrial DNA Sequences.* In: *Molecular Phylogenetics and Evolution.* 7. 1997, 44-54.
- Carlini D. G. & J. E. Graves: *Phylogenetic analysis of cytochrome c oxidase I sequences to determine higher-level relationships within the coleoid cephalopods.* In: *Bulletin of Marine Science.* 64. 1999, 57-76.
- Carlini D. B.; R. E. Young & M. Vecchione: *A Molecular Phylogeny of the Octopoda (Mollusca: Cephalopoda) Evaluated in Light of Morphological Evidence.* In: *Molecular Phylogenetics and Evolution.* 21. 2001, 388-397.
- Haas, W.: *Trends in the Evolution of the Decabrachia.* In: *Berliner Paläobiologische Abhandlungen.* 3. 2003, 113-129.
- Vecchione M., R. E. Young & D. B. Carlini: *Reconstruction of ancestral character states in neocoleoid cephalopods based on parsimony.* In: *American Malacological Bulletin.* 15. 2000, 179-193.
- Zheng X. D., J. Yang, X. Lin & R. Wang: *Phylogenetic relationships among the decabrachia cephalopods inferred from mitochondrial DNA sequences.* In: *Journal of Shellfish Research.* 23. 2004, 881-886.

Weblinks

- Kopffüßer im Fossilienatlas WiKi [5]
- Tintenfisch-Archiv TEUTHIS [6]
- Kopffüßer (Cephalopoda) [7]
- Tree of Life - Cephalopoda [8]
- CephBase [9]

Einzelnachweise

[1] Westheide, Wilfried, Rieger, Reinhard: Spezielle Zoologie Teil 2, 2. Auflage, Spektrum Verlag (2007)

[2] Kaifu et al. (2008) Underwater sound detection by cephalopod statocyst. Fisheries science 2008; 74: 781–786.

[3] Hu et al. (2009) Acoustically evoked potential in two cephalopods infered using the auditory brainstem response (ABR) approach. Comp Biochem Physiol 153:278–283.

[4] Madan and Wells (1996) Cutaneous respiration in Octopus vulgaris. J Exp Biol 199:683 2477-2483

[5] http://www.mineralienatlas.de/lexikon/index.php/Cephalopoda

[6] http://www.tintenfische.com/

[7] http://www.weichtiere.at/Kopffuesser/index.html

[8] http://tolweb.org/tree?group=Cephalopoda

[9] http://cephbase.utmb.edu/

Fossilisationslehre

Die **Fossilisationslehre** oder **Taphonomie** (griech.: *taphos* = Grab) ist die Lehre von der Entstehung von Fossilien. Die Fossilisation ist ein Vorgang, der sich in geologischen Zeiträumen vollzieht. Grundzüge der Taphonomie wurden erstmals im Jahre 1940 von Iwan Antonowitsch Jefremow beschrieben.[1] .

Da abgestorbene Organismen (oder ihre Bewegungsspuren) mehrere Phasen durchlaufen, bevor sie zu Fossilien werden, greift die Fossilisationslehre auf die Erkenntnisse verschiedener anderer Disziplinen zurück, darunter der:

* Biochemie
* Biophysik
* Chemie
* Geologie sowie
* Physiologie (bei Bewegungsspuren)

Der Kadaver einer Silbermöwe (*Larus argentatus*) am Strand von Düne. Aktualistische Beobachtungen an rezenten Möwen haben ergeben, dass Vogelkadaver nur an Land oder am Ufer vollständig fossil erhalten bleiben können. Im Wasser zerfällt der Körper, während er an der Oberfläche umhertreibt.[2]

Entstehung von Fossilien

Der Prozess der Fossilwerdung vollzieht sich in aufeinanderfolgenden Phasen:

- Tod
- Zersetzung
  - Verwesung (aerob)
  - Fäulnis (anaerob)
  - Mumifikation (abiotisch)
  - Inkohlung (anaerob)
- Einbettung
- Entgasung
- Diagenese
- Metamorphose

Je nach Umgebungsumständen können diese Phasen auch wiederholt oder in ihrer Reihenfolge vertauscht stattfinden. So kann es sein, dass ein Organismus sofort eingebettet wird bzw. durch die Einbettung überhaupt erst zu Tode kommt (in Medien wie Bitumen, Treibsand oder Eis). Es kann ein Organismus lange nach der Einbettung wieder freigelegt werden, verwesen, um schließlich erneut eingebettet zu werden. Dies passiert oftmals bei Eisleichen, die nach Jahrtausenden der Einbettung von einem Gletscher freigegeben werden und von rezenten Mikroorganismen

Ein *Claosaurus* (ein hadrosaurider Dinosaurier) treibt tot im Western Interior Seaway im heutigen Kansas (USA). Die Wahrscheinlichkeit der vollständigen Fossilüberlieferung eines Kadavers ist gering, wenn ihn große Aasfresser (hier ein Hai der Gattung *Cretoxyrhina* und zwei *Squalicorax*) erreichen können.

und Makroorganismen befallen werden, bevor sie erneut, dann endgültig in Sediment eingebettet werden und nach Ablauf geologischer Zeiträume zu Gestein fossilieren.

Tod

Die Fossilisation beginnt mit dem Tod des Organismus. Vorteilhaft ist, wenn dieser für Zeitgenossen unbemerkt bleibt, von denen viele tote Lebewesen (Kadaver) als Nahrungsquelle nutzen. Für eine gute Erhaltung ist auch wichtig, dass der Tod durch wenig destruktive Kräfte bewirkt wird, wie etwa durch eine Erkrankung oder durch Ertrinken.

Prinzipiell ist jeder Körper unter geeigneten Bedingungen erhaltungsfähig, gleichgültig wie groß sein Gehalt an Hart- und Weichteilen ist.

Zersetzung

Verwesung

Die Verwesung ist meistens die erste und aerobe Stufe der Fossilisation und beginnt bereits mit dem Abkühlen des Organismus unter Abbau der körpereigenen Stoffe zu einfacheren chemischen Verbindungen. An ihr sind vor allem Mikroorganismen beteiligt, aber auch nekrophore Kleinlebewesen und Wirbeltiere (Aasfresser), die Körperteile ausweiden, verschleppen und entfernen. Bleibt der Organismus an der Oberfläche, führt das zum kompletten Verschwinden der Weichteile. Wird er zunächst teilweise eingebettet, kann die Verwesung vor allem die nicht eingebetteten Bereiche betreffen.

Die Verwesung schreitet nicht an jedem Körperteil gleichmäßig voran. Vor allem die Areale um natürliche (Augen, Mund, Anus usw.) oder 'unnatürliche' Körperöffnungen (Verletzungen) verwesen deutlich schneller. Bei

Wirbeltieren verwest der Bereich um den Mund besonders schnell, was oftmals zum Abtrennen des Unterkiefers führt, insbesondere bei frei schwimmenden Kadavern oder jenen, die während der Verwesung umgelagert werden. In solchen Fossilien fehlten dann diese Teile.

Die Verwesung wird beschleunigt durch hohe Umgebungstemperaturen und feuchtes Milieu.

Fäulnis

Gerät der Körper eines abgestorbenen Lebewesens in ein anoxisches Milieu oder stirbt es durch Sauerstoffmangel in einem anoxischen Milieu, tritt keine Verwesung ein oder sie wird frühzeitig oder zeitweise gestoppt. Wegen des Fehlens von Sauerstoff tritt Fäulnis ein, das heißt ein anaerober Abbau der Körperstoffe. In diesen Fällen können sich nur noch anaerobe Mikroorganismen beteiligen, die aber wesentlich mehr Substanz des Körpers hinterlassen. (siehe auch Biostratinomie)

Mumifikation

Unter bestimmten Bedingungen tritt Mumifikation ein, beispielsweise wenn die Umgebungstemperatur niedrig ist und die Luft trocken, zugig oder wenn toxische Einflüsse vorherrschen. Dann entstehen zunächst Mumien, die sich, wenn sie eingebettet werden, zu unverwesten Fossilien unter Erhaltung der Weichteile entwickeln. Mumien allein werden aber ohne Einbettung nicht zu Fossilien, u.a. weil es keine Gebiete auf der Erde gibt, in denen sich Eis oberhalb der Erdoberfläche oder trockene, ungestörte Klimaräume länger halten. Es gibt nirgendwo einen Ort, der schon hunderte von Millionen Jahre lang an der Erdoberfläche eiskalt oder sehr trocken ist. Ändern sich die Umgebungsbedingungen, dann zerfallen solche Körper meist vollständig. Trockenmumien zerfallen unter der Mitwirkung von Mikroorganismen sehr rasch, wenn Feuchtigkeit zutritt, Eismumien können unter Umständen sogar

Das Wollhaarmammutkalb „Dima" am Fundort im nordostsibirischen Kolyma-Becken im einstigen Beringia. Die hervorragend erhaltene Eismumie des bei seinem Tod 6 bis 8 Monate alten männlichen Tieres, das vor etwa 39.000 Jahren starb, fand ein Arbeiter 1977 bei der Goldgewinnung

erneut von Aasfressern aufgesucht und zerstreut werden. Offen liegende Mumien verwittern mit der Zeit. Mumien aus geologischen Zeiträumen sind deshalb nicht bekannt. Aus dem Permafrostboden in Sibirien und dem nördlichen Nordamerika, die seit Ende der Eiszeit nicht oder nur geringfügig aufgetaut sind, sind allerdings vollständige schockgefrorene Wollhaarmammuts, Wollnashörner und andere Eisleichen gefunden worden. Derartige Fossilien zeigen jedoch eine hohe Temperaturempfindlichkeit und nehmen vor allem bei unkontrollierten Auftauprozessen großen Schaden.

Inkohlung

Ein weiterer Fossilisationsprozess ist die Inkohlung. Hierbei findet unter Luftabschluss eine Umwandlung des organischen Materials statt, bei der vorwiegend die Elemente Sauerstoff, Wasserstoff und Stickstoff entfernt werden, wodurch sich der Kohlenstoff relativ anreichert bis fast nur noch Kohlenstoff übrig bleibt. Dabei können mit zunehmender Inkohlung Braunkohle oder Steinkohle entstehen. Der Prozess kommt bei Pflanzenmaterial vor.

Einbettung

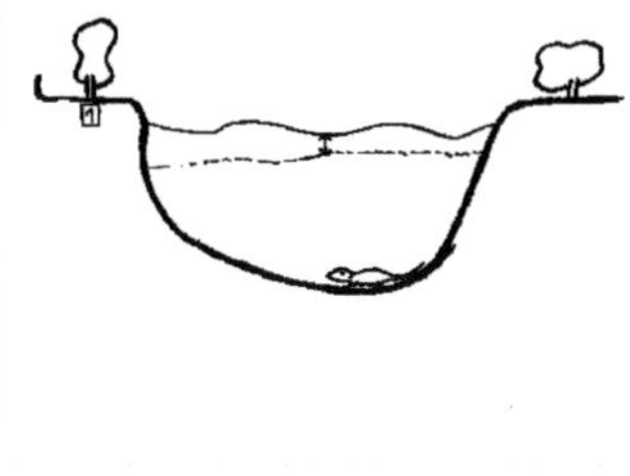

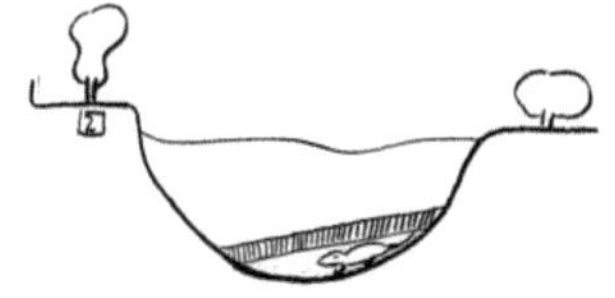

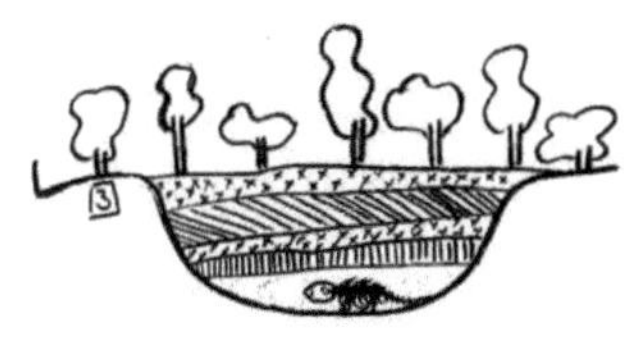

Als *primäre Einbettung* wird die erste Einbettung bezeichnet, ohne dass der Organismus noch einmal umgebettet wird. *Sekundäre Einbettung* kommt gelegentlich bei Wüstentieren vor, die nach Verdurstungstod mumifizierten, in geschützten Arealen lange Zeit liegen und irgendwann (eventuell mehrfach) verweht und in Sand begraben werden. Eismumien können freigelegt werden, auftauen und durch Wasser an einen anderen Ort transportiert werden, wo sie (im Flussschwemmsand) erneut begraben werden.

Es gibt also für das Schicksal eines Körpers **vor** seiner endgültigen Einbettung sehr viele Kombinationsmöglichkeiten. Findet der Organismus aber letztendlich vor oder nach seiner Verwesung oder seiner zwischenzeitlichen Freilegung seine endgültige Lagerstätte, so kommt er in jenes Substrat, mit dessen Schicksal seine weitere Entwicklung zusammen hängt. Je nach der sich bildenden Gesteinsart entstehen daraus typische Fossilien-Formen.

Der Idealfall ist, dass ein Organismus unmittelbar nach seinem Tode in ein Substrat eingebettet wird, welches ihn vor Luftzufuhr schützt und welches geeignet ist, ein Fossil auszubilden. Organismen können beispielsweise:

- von Schwemmsand in Flussgebieten umspült und so völlig bedeckt werden
- oder sie können in morastigem Untergrund versinken und so überhaupt erst zu Tode kommen
- in Eis eingebettet werden
- von Schlamm begraben oder von Wüstensand zugeweht werden

Die Einbettung in angeschwemmtes Substrat wie Lehm oder Schlamm ist besonders günstig. Reine Sandablagerungen (Sandstein) enthalten aber selten Fossilien, da diese bei späteren kieseligen Prozessen (Diagenese) zerstört werden. Salzsümpfe sind zwar gut geeignet, den Organismus zunächst komplett zu erhalten und auszutrocknen, ermöglichen aber nicht die Entstehung von Fossilien, da auch das Salz im weiteren geologischen Verlauf den Organismus auflöst. Dies ist der Grund, warum Salzflöze keine Fossilien enthalten.

Einbettung in Sand

Die Einbettung in Sand ist sehr effektiv und ermöglicht eine gute Erhaltung der Substanz. Sie kann jedoch in der Diagenese leicht zur Zerstörung des Fossils führen.

Einbettung in Schlamm

Schlamm ist aufgrund seiner Feinkörnigkeit ein sehr geeignetes Erhaltungsmedium und kommt in allen aquatischen Milieus vor allem in Stillwasserzonen vor. Jedoch kann sich der Zerfallsprozess der Organismenreste fortsetzen, sobald der Schlamm getrocknet ist und die Reste infolge Erosion wieder freigelegt werden.

Einbettung in Salz

Einbettung in Salz-Lauge führt zu sehr guter Erhaltung der Weichteile, bildet aber nur selten alte Fossilien aus. Eine hohe Salzkonzentration hemmt die mikrobielle Zersetzung.

Einbettung in Bitumen

Auch die Einbettung in mineralische Öle, Bitumen kommt vor: In natürlichen Erdöl-Seen ertrinken oftmals Wirbeltiere.

Einbettung in Baumharz

Baumharze eignen sich hervorragend als Einbettungsmedium und können die Struktur von Tieren und Pflanzen bis in Einzelheiten erhalten. Kleine Tiere können von einem Tropfen Baumharz umschlossen werden, der im Laufe der Zeit zu Bernstein wird. Solche Einschlüsse heißen *Inklusen*. Die meisten der Tiere, die in Bernstein konserviert wurden, sind Insekten und Spinnentiere, aber auch Würmer oder Schnecken und sogar kleine Reptilien kommen vereinzelt vor. Neben Tieren sind auch Pflanzenteile wie Pollen, Samen, Blätter, Rinden- und Sprossteile als Bernsteineinschlüsse erhalten. Es kam beim Einschluss in Baumharze jedoch niemals zur Bildung alter Fossilien, da Bernstein bei der Diagenese untergeht. Die meisten Bernsteininklusen stammen aus dem Tertiär und der Kreide.

Spuren

Nicht nur Körper und Körperteile von Lebewesen können zu Fossilien umgebildet werden, auch der Erhalt von Spuren ist möglich und sie gehören zu den häufigsten Fossilien (Ichnofossilien, siehe auch Palichnologie). Beispiele sind Grabspuren, Kriechspuren, Laufspuren, Fressspuren, Kotspuren.

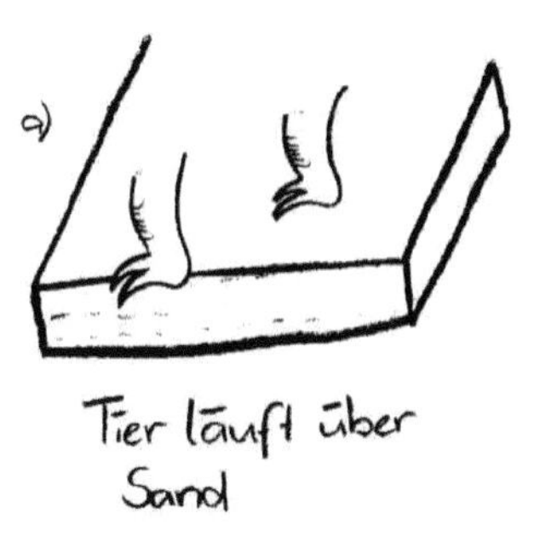

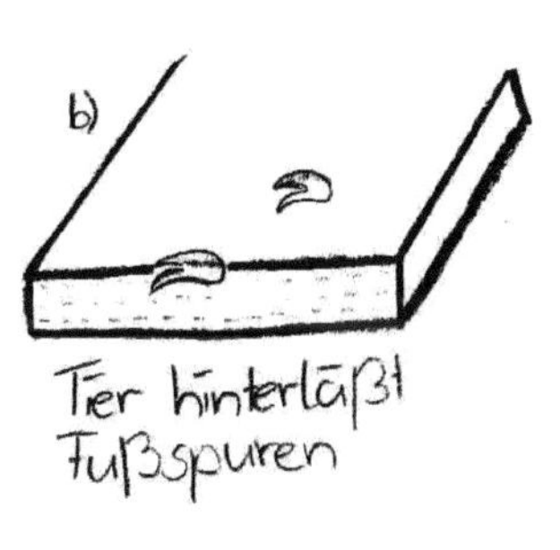

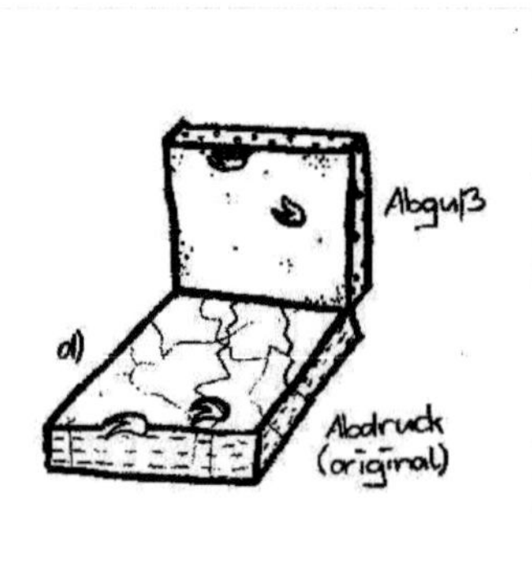

Der Erhalt von **Laufspuren** setzt voraus, dass das sie tragende Sediment und das sich auflagernde Sediment aus (mindestens leicht) verschiedenen Substraten bestehen, da sonst die beiden Schichten untrennbar miteinander verschmelzen und zu einer strukturlosen Schicht werden. Die Auswertung von Laufspuren ist sehr effektiv, da man aufgrund moderner Erkenntnisse der Bewegungsphysiologie, aber auch der Sportwissenschaft sehr genau weiß, wie welche Formen von Abdrücken unter welchen Umständen zustande kommen. So sind Rückschlüsse möglich auf das Gewicht des Tiers, die Laufgeschwindigkeit, das Lebensalter, den Beckenbau bis hin zu etwaigen Verletzungen.

Entgasung

Als Entgasung bezeichnet man einen anaeroben Prozess, bei dem sämtliche, von Mikroorganismen energetisch verwertbaren Bestandteile des Körpers aufgebraucht werden. Das geschieht unter Bildung von Kohlenstoffdioxid, Wasserstoff, Ammoniak, Schwefelwasserstoff und anderen Gasen. Dabei geht die Weichteilsubstanz unter, stellt aber andere Substanzen bereit, die den Zwischenraum ausfüllen. Mit der Zeit verliert der Kadaver stark an Substanz und hinterlässt dabei sekundär entstehende Strukturierungen im umgebenden Sediment. Die Gase entweichen durch das Einbettungssubstrat nach oben. Werden Spuren dieser Gase erhalten, kann man daran später die räumliche Lage des Körpers in dieser Phase bestimmen. So entstehen auch Libellen, gasgefüllte Hohlräume, die sich später mit neuen Substanzen füllen, welche am Fossil erkennbar sind (geologische Wasserwaagen). Am Ausmaß der kleinen Kanäle, die sich später mit feinerem Sand oder anderen Substanzen füllen, kann man erkennen, inwieweit der Kadaver vor der Einbettung noch Weichteile enthielt. Im Idealfall war er unbeschädigt, oft aber war er angefressen.

Bei der Einbettung des Kadavers in Sand oder weichen Schlamm, der zur Bildung von extrem haltbaren Fossilien führen kann, ist sehr selten Weichteilsubstanz erhalten.

Muscheln, die im Sand sterben, erzeugen oftmals typische *Entgasungstrichter*. Es kommt auch vor, dass gasgefüllte Hohlräume keine Verbindung zur Außenwelt erlangen und über geologische Zeiten erhalten bleiben. Solche Inklusionen füllen sich im Laufe der Zeit mit stabilen kristallinen Einlagerungen oder werden durch Brüche oder Umlagerungen entstellt.

mögliche Rückschlüsse:

- Einbettungstemperatur
- Einbettungsmedium
- Menge der Weichteile
- Salzgehalt bei der Einbettung

Erhaltung von Hartteilen

Hartteile unterliegen auch abiotischer und biotischer Zersetzung (Verwitterung) und sind nicht selten auf verschiedene Weise gebrochen oder angewittert. Sie verwesen aber nicht so schnell wie Weichteile und werden daher öfter erhalten. Muscheln und Schnecken haben oft eine glatte Oberfläche ihrer Hartteile, die sie zu Lebzeiten vor vielerlei Angriffen aus ihrer Umgebung schützt. Calcium-Verbindungen wie Calciumcarbonat, Perlmutt, Apatit und andere sind ein idealer Schutz vor verschiedenen Umwelteinflüssen. Eingebaute Proteinbestandteile werden so zunächst geschützt und zerfallen erst während der weiteren Umwandlung des eingebetteten Materials im Gestein.

Die Knochenbestandteile von Wirbeltieren, die überwiegend aus anorganischen Substanzen wie Calcium-Verbindungen (Calciumphosphate) bestehen, werden also vor und nach der Einbettung viel vollständiger erhalten als die Weichbestandteile. Sie unterliegen jedoch in jeder Hinsicht den bei der Sedimentation herrschenden Gesetzen und verhalten sich bei sämtlichen Prozessen und Umbildungen ebenso wie das Gestein.

Diagenese und Metamorphose

Der eingebettete und entgaste Kadaver unterliegt demselben Schicksal wie das ihn umgebende Substrat. Es wird zunehmend stärker bedeckt (andernfalls entstehen keine Fossilien) und kommt unter den Einfluss erhöhten Drucks und oft auch erhöhter Temperatur.

Eine erste Umwandlungsstufe wird Diagenese genannt und sie ist entscheidend für das weitere Schicksal der Hartsubstanz der Lebewesen. Sie beginnt, wenn aus den weicheren Sedimenten durch Verfestigung Sedimentgesteine entstehen und sich so das ursprünglich abgelagerte Sediment verwandelt. Diese Verwandlung betrifft auch die eingelagerten Reste der Lebewesen, die sich zu eigentlichen Fossilien entwickeln.

Die Diagenese beginnt mit der Verwandlung von lockerem Sediment in festes Substrat, wenn der Druck weiter steigt. Die Diagenese bewirkt auch, dass in Fossilien oft nicht mehr das ursprüngliche Material vorhanden ist, aus welchem die abgestorbenen Organismen bestanden. Oft wird es durch Siliziumverbindungen ersetzt (Silizifikation). Man spricht dann von Gesteins-Metamorphose.

Gesteine die unter hohem Druck und hoher Temperatur metamorphieren, verlieren ihre Struktur und enthalten keine Fossilien mehr. Diese Gesteine werden Metamorphgesteine oder Metamorphite genannt.

Stufen der Diagenese

Es lassen sich verschiedene Stufen unterscheiden

- **Entwässerung**
  - mit steigendem Druck tritt Entwässerung ein
  - Fossilienkörper werden flach gedrückt und entsprechen dann dem Bild des Fossilien-Fotografen
- **Kompaktion**
  - weiteren Verdichtung des entstehenden Fossils durch Gesteinsdruck
  - es schrumpft mitunter erheblich, vornehmlich vertikal
- **Auslaugung**
  - in mehreren Stufen
  - Salzlösungen gleichen allmählich ihre Konzentrationen einander an
  - Fossil nimmt dieselbe kristalline Struktur an wie das Umgebungsmaterial
  - ein Großteil des ursprünglichen Materials geht verloren
  - Es spielen hier Konzentrationsgradienten der unterschiedlichen Salz-Ionenklassen eine Rolle. Meist pegeln sich Siliziumverbindungen ein.
- **Bruch und mechanische Verformung**

- Verformungen und Brüche, die wieder der chemischen Umbildung unterliegen. Kein noch so kleiner Hohlraum kann länger bestehen, ohne dass sich Salze einlagern und ihn verfüllen.
- **Umkristallisation**
  - die chemische Struktur des Fossils verändert sich weiter.
  - allmählich ablaufende stoffliche Umgruppierungen im Umgebungsgestein gehen weiter
  - im Extremfall wird das Gestein metamorph und verliert seine fossiläre Information
  - in Ergußgestein eingeschlossene Fossilien verhalten sich oft etwas anders, da unverwittertes Ergußgestein selbst schon sehr kompakt ist. Bekannt sind Baumstämme, die rasch von Lava umflossen und eingeschlossen wurden: ihre Oberflächen sind meist in allen Einzelheiten erkennbar.
- **Abscheiden von Bindemitteln**
  - Bindemittel sind verschiedene anorganische Stoffe oder chemische Zerfallsprodukte organischen Ursprungs, die chemisch stabil sind.
  - Sie werden mit der Zeit aus dem Substrat abgeschieden oder umgewandelt
- **Entstehung von Konkretion**
  - Das vom Fossil ins Umgebungsgestein ausgewanderte Material kommt oft nicht sehr weit vom Fleck. Es bleibt - je nach Substanz - in unmittelbarer Nähe und reichert das dortige Gestein um Elemente und Verbindungen an. Effekte, die in der Umgebung entstehen, sind zum Beispiel Konkretionen.
  - Mineralabscheidungen stellen eine Art Aura dar
  - bei jüngeren Fossilien kann man diese Veränderungen mit bloßem Auge erkennen und sich bei Grabungen auf den Fund vorbereiten.

Aufgrund der Diagenese kann das Alter eines Fossils oftmals nicht anhand seines Substrats bestimmt werden.

Erhaltung

Vor allem bei jüngeren Fossilien oder unvollständiger Fossilisation finden sich in einer anorganischen Matrix noch organische Reste. Wichtig ist der schnelle Sauerstoffabschluss in einem sich später verfestigenden Material, so dass man Fossilien meist an Orten mit hoher Sedimentationsrate, wie Sümpfen, Mooren, Seen oder Flachmeeren findet. Von der Fossilisation ist jedoch nur eine sehr geringe Menge der gesamten umgesetzten Biomasse betroffen, wobei sich dies sehr stark an regionalen Gegebenheiten orientiert.

Die häufigsten Fossilien sind **Versteinerungen**. Die Verformung der Erdkruste ist dabei einer der Gründe, der dafür sorgt, dass in älteren Erdschichten immer weniger Fossilien gefunden werden. Bei Tieren bleiben dabei meistens nur harte Bestandteile wie Knochen, Zähne oder Schalen übrig. Wenn Holz von Kieselsäure durchdrungen wird, man spricht hierbei von Verkieselung, können sogar noch die Jahresringe erhalten bleiben, was im Falle der versteinertern Wälder besonders zum Ausdruck kommt. In seltenen Fällen können aber auch Weichteile erhalten bleiben, so zum Beispiel bei der Ediacara-Fauna in Australien, den Burgess-Shale-Fossilien in Kanada oder den Chengjiang-Fossilien in China.

Steinkerne

Verläuft der Abschluss eines Lebewesens oder Lebewesenteils durch Sedimentation so langsam, dass das Lebewesen verwest bzw. sich Hartteile auflösen und einen Hohlraum im umgebenden Gestein hinterlässt, der mit der Zeit von einsickernden Silicium ausgefüllt wird, entstehen Steinkerne als Fossilien. Bei diesem Vorgang bleibt die ursprüngliche Gestalt des Innenraums eines Tieres erhalten.

Einzelnachweise

[1] Efremov, J.A. (1940), Taphonomy: New branch of paleontology. – Pan American Geologist 74/2, 81-93. Text (http://www.astro.spbu.ru/staff/serg/interests/literature/efremov/tapharticle1.html)

[2] Bernhard Ziegler: Einführung in die Paläobiologie - Teil 1. *Allgemeine Paläontologie.* 5. Auflage. E. Schweizerbart'sche Verlagsbuchhandlung. Stuttgart, 1992

Literatur

- Arno Hermann Müller: *Lehrbuch der Paläozoologie.* Gustav Fischer, Jena 1957, 1994. ISBN 3334002233
- R. G. Bromley: *Spurenfossilien – Biologie, Taphonomie, Anwendungen.* Springer, Berlin 1999. ISBN 3-540-62944-0
- C. C. Emig: *Death: a key information in marine palaeoecology.* In: *Current topics on taphonomy and fossilization.* Collecio Encontres, 5: 21-26, Valencia, 2002.
- R. L. Lyman: *Vertebrate Taphonomy.* Cambridge University Press, Cambridge 1994. ISBN 0-521-45215-5
- R. E. Martin: *Taphonomy. A Process Approach.* Cambridge Paleobiology Series. Cambridge University Press, Cambridge 1999. ISBN 0-521-59833-8

Weblinks

- Making fossils (http://www.bbc.co.uk/sn/prehistoric_life/dinosaurs/making_fossils/) Animierte Darstellung der Fossilisationsvorgänge (auf Englisch)
- International Plant Taphonomy Meeting (http://www.mineralogie.uni-wuerzburg.de/tapho/tapho1.html) (auf Englisch)
- Taphonomy (http://paleopolis.rediris.es/BrachNet/Taphonomy/index-en.html) (auf Englisch)
- (http://www.knochenarbeit.de/index.php)

Funktion_(Objekt)

Als **Funktion** eines Objektes bezeichnet man die Aufgabe, die es zu erfüllen hat. Die Funktion stellt neben Form, Material, Struktur usw. ein wesentliches Charakteristikum eines jeden Objektes dar, das in irgendeiner Form ge- oder benutzt wird.

Überblick

Während der Begriff ‚Zweck' den Beweggrund einer aktiven Tätigkeit oder eines aktiven Verhaltens bezeichnet, wird der Begriff ‚Funktion' in der Regel auf passive Objekte angewandt, die vom Menschen benutzt werden. Im Alltagsgebrauch werden Funktion und Zweck jedoch häufig synonym gebraucht. Weitere sinngemäß benutzte Begriffe sind unter anderem Methode, Verhalten, Handlung, Auftrag und Beziehung.

Beispiele:

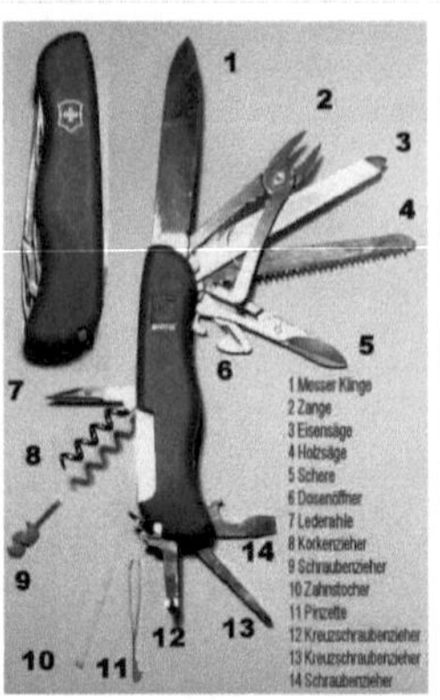

Ein Schweizer Messer hat eine Vielzahl
von Funktionen

> Ein Herz versorgt einen Körper mit Blut.
>
> Ein Argument wird zum Begründen oder Widerlegen einer Behauptung verwendet.
>
> Fe_3O_4 funktioniert beim Haber-Bosch-Verfahren als Katalysator.
>
> Ein Wohngebäude ist zum Wohnen da ($\rightarrow$ *Siehe auch: Liste von Bauwerken nach Funktion*)
>
> Schrauben dienen als lösbare Verbindungen von Bauteilen aller Art.

Die Erfüllung gestellter Anforderungen bezeichnet man als ‚Funktionalität' oder ‚Gebrauchstauglichkeit'.

Erfüllt ein Objekt gleich mehrere verschiedene Funktionen, spricht man auch von ‚Multifunktionalität'. Das Ziel, mit möglichst wenigen Bauteilen möglichst viele technische Funktionen abzudecken, bezeichnet man in der Konstruktionslehre als ‚Funktionsintegration'. Fallen bei einem Objekt Soll-Verhalten und Ist-Verhalten auseinander, spricht man auch von Überfunktion, Unterfunktion, Fehlfunktion oder Fehler.

Typen von Funktionen

Peter Achinstein unterschied in der mehrfach aufgegriffenen Arbeit *Function Statements* aus dem Jahr 1977 zwischen drei Typen von Funktionen, mit denen Aussagen wie „x funktioniert als y" expliziert werden können:[1] [2]

Konstruktionsfunktionen

Konstruktionsfunktionen (engl. *design functions*) beschreben Funktionen, für die etwas eigens erschaffen wurde.

Beispiel:

- Ein Schlüsselbund sammelt mehrere Schlüssel und verhindert, dass diese leicht verlorengehen. Dafür ist er (auch) gemacht worden.

Gebrauchsfunktionen

Gebrauchsfunktionen (*user functions*) beschreiben Funktionen, die jemand (aktiv) in Anspruch nimmt. Sie können mit Konstruktionsfunktionen übereinstimmen, aber auch – im Sinne der bei der Erschaffung gedachten Funktion(en) – durch Zweckentfremdung bzw. Improvisation oder auch bei Objekten, die nicht für etwas hergestellt wurden, gänzlich ohne Konstruktionsfunktion zustande kommen.

Beispiele:

* Jemand, der den Schlüsselbund genau für das Erdachte anwendet, nutzt ihn sowohl im Sinne einer Gebrauchs- als auch seiner Konstruktionsfunktionen.
* Hält jemand einen mehrfach bestückten Schlüsselbund in der Hand, um sich durch das Geräusch beim Herunterfallen von einem Tagschlaf abzuhalten, nutzt den Schlüssel außerhalb der Konstruktionsfunktion(en). Verwendet jemand Eisenerz, um daraus einen Schlüsselbund herzustellen, gebraucht sie/er das Eisenerz dafür, eine Konstruktionsfunktion des Eisenerzes ist aber nicht ersichtlich (es wurde nicht „dafür gemacht oder vorgesehen, ein Schlüsselbund zu werden"), sofern keine stark teleologische Position vertreten wird wie etwa in der Prädestinationslehre.

Dienstfunktionen

Dienstfunktionen (*service functions*) beschreiben allgemein Funktionen, die tatsächlich ausgeführt werden. Sie können sowohl Konstruktions- als auch Gebrauchsfunktionen umfassen, aber auch nicht beabsichtigte Funktionen, die etwas anderem zugute kommen.

Beispiele:

* Ist der Schlüsselbund intakt und wird aktiv im Sinne der Erschaffung benutzt, treffen auf ihn alle drei Funktionstypen zu.
* Wenn der Schlüsselbund durch physische Veränderung seine Konstruktionsfunktion nicht mehr ausführen kann, aber als Werkzeug für das Betätigen des Notauswurf eines CD-ROM-Laufwerks gebraucht wird, besteht in letzterem sowohl eine Gebrauchs- als auch eine Dienstfunktion. Hier kann man zwar nach wie vor von den ursprünglichen Konstruktionsfunktionen sprechen, die aber nicht mehr ausgeführt werden können (keinen tatsächlichen Dienst mehr leisten).
* Liegt der Schlüsselbund auf einem Blatt Papier und verhindert dessen Wegfliegen durch einen Windstoß, ohne dass er deswegen dort hingelegt wurde, besteht in dieser Befestigung eine Dienstfunktion, die weder bei der Erschaffung beabsichtigt war noch (bewusst) verwendet wurde.
  Löst der Schlüsselbund in einem Flughafen durch das Signal eines Metalldetektors die Festnahme einer polizeilich gesuchten Person aus, hatte der Schlüsselbund aus Sicht der Polizei die Dienstfunktion des Aufmerksammachens (auf die gesuchte Person), ohne dass sie beabsichtigt war.
  Führt das Reibungsgeräusch des Schlüsselbundes in einer Jackentasche zum so nicht beabsichtigten Auffinden eines gesuchten Geldstücks, erbrachte er ebenfalls einen Dienst Konstruktions- oder Gebrauchsfunktion.

Einzelnachweise

[1] Christoph Rehmann-Sutter: *Leben beschreiben: über Handlungszusammenhänge in der Biologie.* Verlag Königshausen & Neumann, Würzburg 1996, S.225–227 bei Google bücher (http://books.google.de/books?id=xfb2tfkl7XEC&lpg=PA222&ots=_40LODKoRF& pg=PA226#v=onepage&q&f=false), ISBN 3-8260-1189-9

[2] Mohammed Ali Berawi, Roy Woodhead: *A Teleological Explanation of the Major Logic Path in Classic FAST.* In: *44th Annual* Conference of the Society of American Value Engineers International (SAVE International). *Montreal 2004, Function.pdf#page=3 verfügbar auf einer Webseite der Value Solutions Ltd* (http://www.value-solutions.co.uk/Teleological) *(englisch)*

Hornsubstanz

Die **Hornsubstanz** − kurz auch als *Horn* bezeichnet − ist das harte Material, welches von der Haut gebildet wird und hauptsächlich aus verhornten, also mit Keratin angefüllten, abgestorbenen Zellen (den Keratinozyten) besteht.

Aus diesem Material sind beispielsweise Säugetierhaare, Finger- und Zehennägel, Krallen, Klauen, Hufe, Hörner, Nasenhorn der Nashörner, Stacheln der Igel, Barten der Wale, Schnäbel und Federn der Vögel, Hornschuppen und äußere Panzerbedeckung der Reptilien aufgebaut.

Horn abgelöst vom Schädel eines Steinbocks

Eigenschaften

Die Hornsubstanz ist härter und schwerer als Holz, jedoch leichter und elastischer als Knochen. Horn hat eine Reißlänge von etwa 31 km. Seine Druckfestigkeit beträgt bis zu 3 Tonnen pro Quadratzentimeter. Es ist unter Druck bis zu 3 % elastisch, d. h. reversibel komprimierbar. Horn ist auf Druck stärker belastbar als auf Zug, wird es durch Biegung überbeansprucht, so bricht es auf der Zugseite. Es ist nicht brennbar, nicht löslich in Wasser und schwachen Laugen/Säuren, jedoch in starken Laugen/Säuren. Pigmentfreies Horn kann völlig transparent sein (Hörner der Albino-Tiere, menschliche Fingernägel).

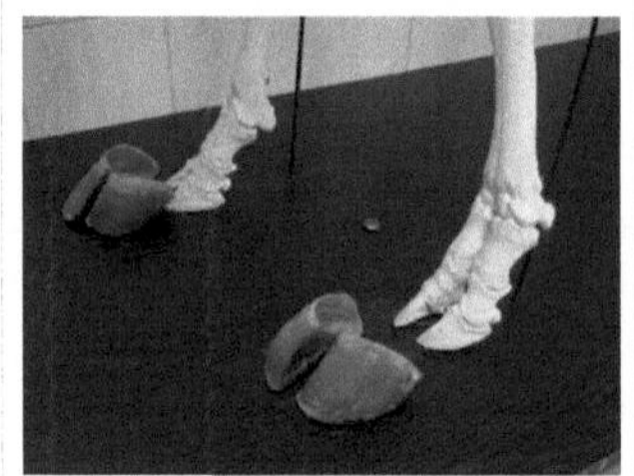

Fußknochen und Klauen eines Hausrindes

Bearbeitung

Ähnlich wie Holz kann Horn geraspelt, gesägt, gebohrt, geschnitzt, gespalten oder geschliffen werden. Bleichen ist ebenfalls möglich. Um Horn kleben zu können, muss es durch gründliches Entfetten vom Klauenöl befreit werden, z. B. durch Einlegen in Benzin.

Manche Hornarten neigen beim Bearbeiten zu Delamination, d. h. ganze Schichten spalten sich der Länge nach ab, insbesondere beim Rinderhorn. Werden dünne Hornstücke/-streifen gebraucht, kann der Effekt dagegen erwünscht sein (z. B. für Hornbücher).

Durch mehrtägiges Einlegen in Wasser kann Horn formbar gemacht werden. Noch stärker formbar wird es jedoch durch 20-minütiges Kochen, es kann dann heiß in fast jede beliebige Form gebogen werden (dünne Streifen kann man sogar verknoten), nach dem Abkühlen und Trocknen bleibt die neue Form erhalten. Auch durch trockene Hitze über der Flamme kann man Horn etwas formen.

Die größten zusammenhängenden Hornplatten von bis zu 3 Meter Länge sind die Walbarten (Fischbein).

Verwendung

Vor der Erfindung der Kunststoffe wurde Hornsubstanz oft wie diese verwendet. Heute wird sie vor allem noch zur Herstellung von Knöpfen, Kämmen, Löffeln, Messergriffen und Schmuckgegenständen wie Schnitzereien verwendet, wenngleich es auch hier oftmals durch billigeren Kunststoff imitiert oder wie bei Kämmen und Knöpfen funktional fast verdrängt wurde. Außerdem besteht die Schofar aus Horn, welche am jüdischen Gottesdienst am Neujahrstag und zum Versöhnungsfest Schofar geblasen wird. Ebenso geht das Horn auf die Rinderhörner früher Tage zurück.

Weitere Gegenstände die aus Horn gefertigt werden bzw. wurden: das Hornbuch, der Kompositbogen, das Korsett, wasserdichte Gefäße, das Pulverhorn und viele mehr.

Hornspäne und Hornmehl sind ein wertvoller Stickstoffdünger.

Siehe auch

- Hornschicht
- Hauthorn

Operculum

Ein **Operculum** (lat. „Deckelchen", Pl. Opercula) ist ein horniger oder kalkiger Deckel, den die Schnecken aus der Gruppe der Vorderkiemer an der Oberseite ihres Fußes tragen. Damit wird die Mündung des Gehäuses verschlossen, wenn das Tier sich zur Ruhe (etwa beim Austrocknen des Gewässers) oder bei Gefahr darin zurückgezogen hat. Die größten und bekanntesten Vorderkiemer der europäischen Binnengewässer, die Sumpfdeckelschnecken (Viviparidae), tragen diesen Deckel sogar im deutschen Namen. Ebenso die landlebenden Landdeckelschnecken (Pomatiasidae), zu denen die einheimische Schöne Landdeckelschnecke (*Pomatias elegans*) gehört.

Das Operculum ist nicht mit dem festsitzenden Epiphragma zu verwechseln, mit dem manche Lungenschnecken ihr Gehäuse verschließen, und auch nicht mit dem Clausilium, das die Lungenschnecken-Familie der Schließmundschnecken (Clausiliidae) kennzeichnet.

Das Operculum weist konzentrische Strukturen auf und besitzt einen Kern nahe dem der Mündungswand des Gehäuses (dicht beim Nabel) zugewandten Rand. Es gibt zwei Typen von Opercula:

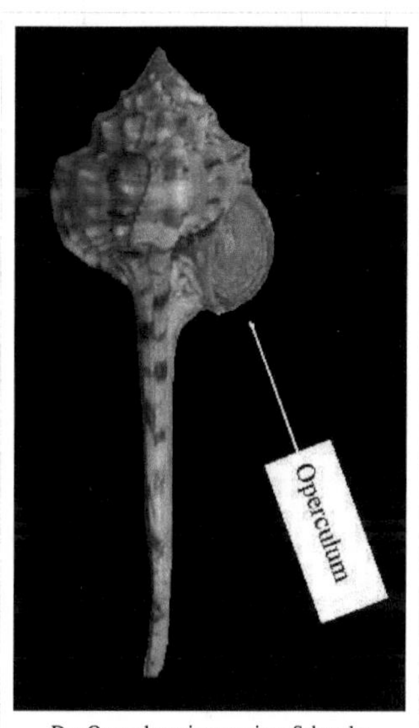

Das Operculum einer marinen Schnecke

- Der erste Typ besteht aus hornigem Material verschiedener Dicke. Die Substanz ist biegsam und einschichtig, und das Operculum ist mehr oder weniger kreisrund.
- Der zweite Typ (auch als „Verschlussstein" bezeichnet) hat eine mehrschichtige Struktur, mit horniger Basis und kalkiger Deckschicht, welche manchmal mit spiraligen Strukturen und Rillen skulpturiert ist.
  Bei diesem Kalk handelt es sich um eine mit besonderer Struktur auskristallisierte Form von Aragonit. Ebenso wie bei echten Perlen ist dies ein Kalziumkarbonat ($CaCO_3$), das einen Härtegrad von 4 bis 4,5 nach der Mohsschen Skala aufweist. Nach dem Ableben löst sich das Operculum vom Schneckenhaus und kann am Strand und im Flachwasser gefunden werden.

Verwendung

Der Gebrauch von Schneckenschalendeckeln lässt sich von der Steinzeit beginnend bis in die Gegenwart nachweisen. Die Opercula tauchen in verschiedenen Kulturen in einem unterschiedlichen Kontext auf.

Schmuck- und Sammlungsobjekt

Die fast halbkugeligen, farbigen Opercula der Turbanschnecken (Turbinidae) sind ein beliebtes Sammlerobjekt und werden auch zu Schmuck verarbeitet. Alle weisen auf der flachen, weißen Unterseite (der eingezogenen Schnecke nach innen gewandten Seite) einen typischen spiralförmigen Wachstumsverlauf auf, gelegentlich haften frischen Fundstücken noch bräunliche Reste der Hornschicht an. Die Farbgebung und -qualität der nach außen zeigenden Wölbung des eigentlich weißen Aragonits wird durch Pigmente von Algenteilchen bei der Nahrungsaufnahme insbesondere beim Ausbleiben / Zunahme, vor allem aber beim Wechseln (orts-, saison- und von anderen umweltbedingten Faktoren abhängig) von Algentypen (insbesondere bei der Katzenaugenschnecke) bestimmt.

Einige Schneckenarten

Bei der **Gerippten Turbanschnecke** *Turbo petholatus* (bis 6 cm hoch) ist der fast halbkugelige Verschlussstein im äußeren Bereich meist weiß bis hellbraun und vertieft den Farbton zum Zentrum, manchmal bis hin zu braun-schwarz. Durchmesser der Funde ca. 2,6 cm der großen Halbachse.

Die seltenere **Katzenaugenschnecke** *Turbo radiatus* (bis 8 cm hoch) liefert dagegen ein häufig ovales Operkulum, das im Zentrum oft einen leicht spiralig, strahligen Farbverlauf zeigt, oft tief dunkel blaugrün gefärbt ist, und deswegen als „Katzenauge", seltener „Tigerauge", firmiert. Durchmesser der Funde ca. 3,0 cm der großen Halbachse.

Das Operculum des **Tritonshorns** *Charonia tritonis* ist an Ober- und Unterseite blendend weiß bis beige. Mit dem maximalen Durchmesser in der größten Halbachse des Fundes von 10 cm gehört es in die Schwergewichtsklasse und ist aus diesen Gründen für die Schmuckanfertigung uninteressant.

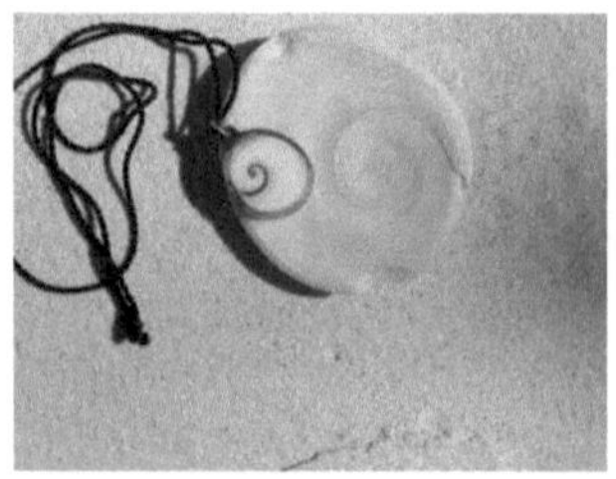

Operkulum des Tritonshorns (*Charonia tritonis*) im Größenvergleich mit Verschlussstein des *Turbo radiatus* auf der gleichen Seite.

Schmuckindustrie und Sammler

In einigen Gegenden der Erde sind die Opercula unter Handelsbezeichnungen in der Schmuckindustrie bekannt wie: „Shivas Auge", „Buddhas Auge", „Katzenauge", „Tigerauge" (Südostasien), „Geld der Meerjungfrauen" (Südafrika), „Naxos-Auge" (Griechenland), „L´occhio di Santa Lucia" (Italien) oder auch allgemein „Meeresaugen". An Küstenabschnitten Papuas und auf entlegenen Inseln der Südsee

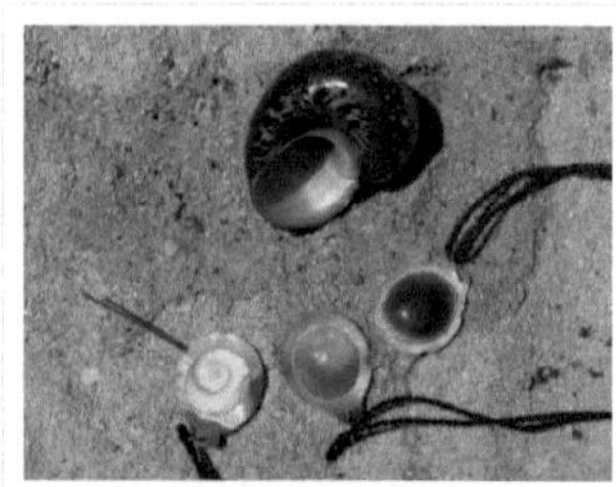

Gerippte Turbanschnecke (*Turbo petholatus*) mit verschiedenen Opercula (Vorder- und Rückseite)

mit nativen Stämmen gelten bis heute besonders schöne Exemplare auch als (inzwischen immer selteneres) rituelles im Schmuck eingearbeitetes Symbol und gesellschaftliches Statusobjekt. Besondere Steine sind hier (ebenfalls nachlassend) auch als geldähnliche Werte bzw. Anlagen im Umlauf oder dienen der zwischenmenschlichen Werbung in Form von Schmucksteinen.

Katzenaugenschnecke (*Turbo radiatus*) mit
Operculum

Fundstücke sind in der Regel durch Risse und kleine Bohrlöcher (wahrscheinlich Spiralröhrenwürmer) beschädigt. Die unversehrten und besonders großen Opercula bleiben in der Regel einheimischen Sammlern (die zugehörigen Schnecken sind beliebte Meeresfrüchte), Schnorchlern und Tauchern vorbehalten. Einen besonderen Sammlerwert stellen Steine dar, deren Spirale links herumverläuft, also eine andere „Händigkeit" aufweist (siehe auch durchaus verwandte Erklärung zur chemischen Chiralität); das Verhältnis beträgt z.B. bei dem Gehäuse der Weinbergschnecke 1:20.000. Durch die unregelmäßige Nahrungsaufnahme oder Änderung der Algenart weisen einige Operculae begehrte, ungewöhnliche Farbverläufe auf. Der Verschlussdeckel wird in einigen touristischen Gebieten zu Schmucksteinen für Ohr-, Fingerringe und Halsketten in Form für die Fassung geschliffen, höchstens leicht poliert, seltener lackiert verarbeitet.

Esoterik

Als besonderer Schutz- und Glücksstein sollen alle Opercula eine geheimnisvolle Ausstrahlung besitzen und der Legende nach über ihren Träger wachen. Das „dritte Auge" repräsentiert Wissen und Weisheit, das Zentrum der Allwissenheit des hinduistischen Gottes der Fruchtbarkeit Shiva, der (die) in sich Männlichkeit und Weiblichkeit vereint. Die Wachstumsspirale auf der Rückseite symbolisiert Entwicklung und Bewegung und soll vor bösen Kräften schützen.

Räucherwerk

Opercula bestimmter Schnecken, speziell Arten aus dem Roten Meer (besonders *Strombus tricornis* und *Lambis truncata sebae*), werden von Alters her als Räucherwerk verwendet, nach jüdischer wie auch christlicher und muslimischer Tradition. Es wird vermutet, dass es sich bei dem im 2. Buch Mose beschriebenen Räucherwerk *Onycha* um Opercula dieser Schnecken handelte.

Pulverisierte Opercula sind auch ein wichtiger Bestandteil ostasiatischen Räucherwerks, in China als *bèixiāng* (, wörtlich „Muschelduft") und in Japan als *kaikō* (, wörtlich „Schalen-" oder „Panzerduft") bezeichnet. Traditionell werden die Opercula mit Essig, Alkohol und Wasser behandelt, um eventuellen Fischgeruch zu entfernen, und dann gemahlen und als Duftfixativ ähnlich wie in Parfüms verwendet.

Allein verbrannt, soll hochwertiges Operculumpulver wie Bibergeil oder bestimmte tierische Moschusarten riechen, minderwertiges dagegen wie verbrannte Haare.

Literatur

- Georg Schifko: *Zur Kulturgeschichte von Schneckenschalendeckeln (Opercula) aus archäologischer und ethnologischer Sicht*, in: *Ethnographisch-archäologische Zeitschrift*, Berlin, EAZ, Bd. 45.2004, 4, S. 531-537

Weblinks

- Klaus Polak [1]: Operculi, Fotos - insbesondere zu noch unbestimmten Arten
- Große Auswahl an Fotos von etwa 40 verschiedenen Opercula mit zugehöriger Schnecke (englisch) [2]

References

[1]　http://www.Nikswieweg.com/tool/korallen.htm#Schnecken
[2]　http://www.nansaidh.us/operc/index1.html

Unterkiefer

Der **Unterkiefer** oder die **Kinnlade** (lat. *Mandibula*, von *mandere* „kauen")[1] ist ein Knochen des Gesichtsschädels. Er ist bei Säugetieren der bewegliche der beiden Kieferknochen.

Aufbau

Die Mandibula besteht aus dem hufeisenförmigen Unterkieferkörper (*Corpus mandibulae*), dessen vorderes Ende das Kinn stützt, und beiderseits einem aufsteigenden Unterkieferast (*Ramus mandibulae*). An letzterem befindet sich ein Muskelfortsatz (*Processus coronoideus*) zum Ansatz des Musculus temporalis und der Gelenkfortsatz (*Processus condylaris*) mit dem Kiefergelenksköpfchen (*Caput mandibulae*), der das Kiefergelenk bildet. Die Einkerbung zwischen dem Muskelfortsatz (früher nach alter anatomischer Nomenklatur als *Processus muscularis* bezeichnet) und dem Gelenkfortsatz (früher nach alter anatomischer Nomenklatur als *Processus articularis* bezeichnet) heißt *Incisura mandibulae*.

Am Unterkiefer setzen die vier Kaumuskeln an, die für den Kieferschluss (Okklusion) sorgen.

An der Innenseite des Unterkieferastes sitzt eine Knochenzunge (Lingula mandibulae), die das Foramen mandibulae (Unterkieferloch) überdeckt. Dieses Loch ist die Eintrittsstelle des Nervus alveolaris inferior (aus Nervus mandibularis des Nervus trigeminus) sowie der Arteria und Vena alveolaris inferior. Der Nerv verläuft im Canalis mandibulae (Mandibularkanal) unter den Wurzelspitzen der Seitenzähne entlang und innerviert die Zahnfächer und Zähne im Unterkiefer. Der Endast verlässt als *Nervus mentalis* den Unterkieferkörper am Foramen mentale (Kinnloch) im Bereich der Prämolaren. Die Blutversorgung des Unterkiefers erfolgt über die *Arteria alveolaris inferior*.

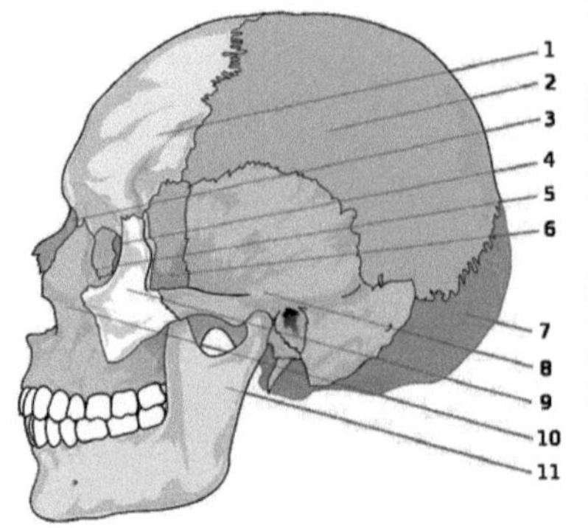

Menschlicher Schädel in Seitenansicht:
1. Stirnbein (Os frontale)
2. Scheitelbein (Os parietale)
3. Nasenbein (Os nasale)
4. Siebbein (Os ethmoidale)
5. Tränenbein (Os lacrimale)
6. Keilbein (Os sphenoidale)
7. Hinterhauptsbein (Os occipitale)
8. Schläfenbein (Os temporale)
9. Jochbein (Os zygomaticum)
10. Oberkiefer (Maxilla)
11. Unterkiefer (Mandibula) (hellblau)

Unterkiefer des Menschen

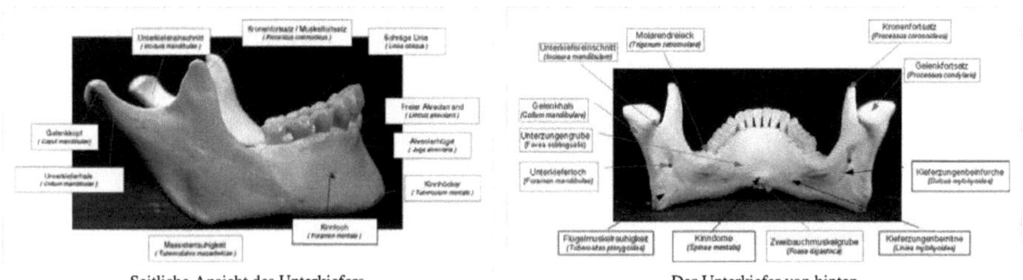

Seitliche Ansicht des Unterkiefers   Der Unterkiefer von hinten

Siehe auch

- Oberkiefer (Maxilla)
- Mandibel
- Lade (Pferd), zahnfreier Teil des Unterkiefers bei den Pferden

Quellen/Literatur

[1] Joseph Maria Stowasser: *Der Kleine Stowasser, Lateinisch-deutsches Schulwörterbuch*, G. Freytag Verlag, München

- Klaus D. Mörike et al.: *Lehrbuch der makroskopischen Anatomie für Zahnärzte*, Gustav Fischer Verlag, Stuttgart

Lombardei

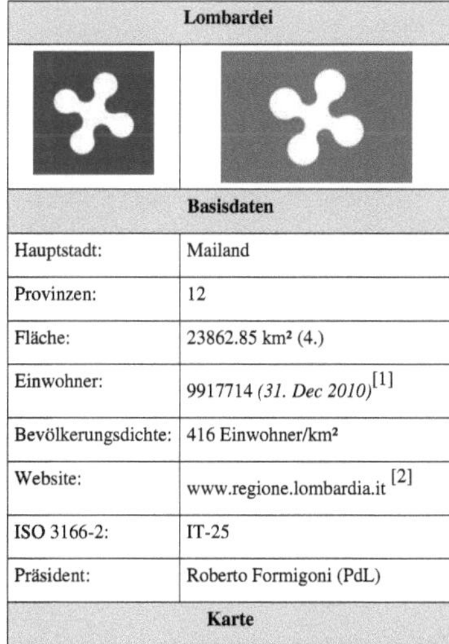

Lombardei	
Basisdaten	
Hauptstadt:	Mailand
Provinzen:	12
Fläche:	23862.85 km² (4.)
Einwohner:	9917714 *(31. Dec 2010)*[1]
Bevölkerungsdichte:	416 Einwohner/km²
Website:	www.regione.lombardia.it [2]
ISO 3166-2:	IT-25
Präsident:	Roberto Formigoni (PdL)
Karte	

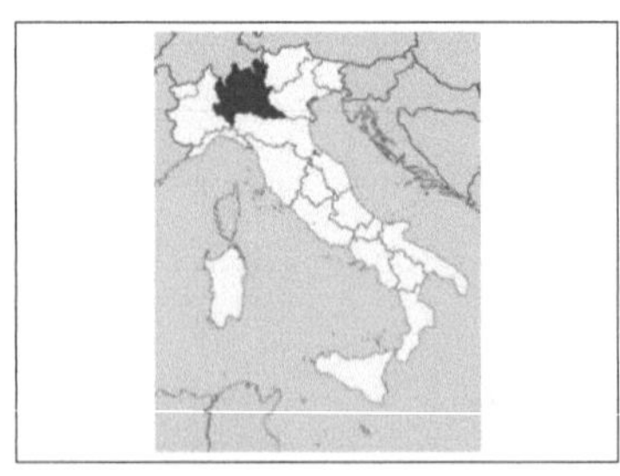

Die **Lombardei** (italienisch *Regione Lombardia*, lombardisch *Regiun Lumbardia*) ist eine norditalienische Region mit einer Fläche von 23.863 km² und Einwohnern (Stand 31. Dezember 2010). Sie ist in die zwölf Provinzen Bergamo, Brescia, Como, Cremona, Lecco, Lodi, Mantua, Mailand, Monza und Brianza, Pavia, Sondrio und Varese aufgeteilt. Sie liegt zwischen Lago Maggiore, Po und Gardasee. Die Hauptstadt ist Mailand (ital. *Milano*). Die zweitgrößte Stadt ist Brescia.

Im Mittelalter verstand man unter „Lombardei" nicht nur die heutige Region Lombardia, sondern den gesamten Nordwesten Italiens, insbesondere einschließlich des Piemonts und Genuas und des heute schweizerischen Tessins. In deutschen Sagen wie z. B. der von Wolfdietrich wird für dieses Gebiet auch die Bezeichnung *Lampartenland* verwendet.

Geographie

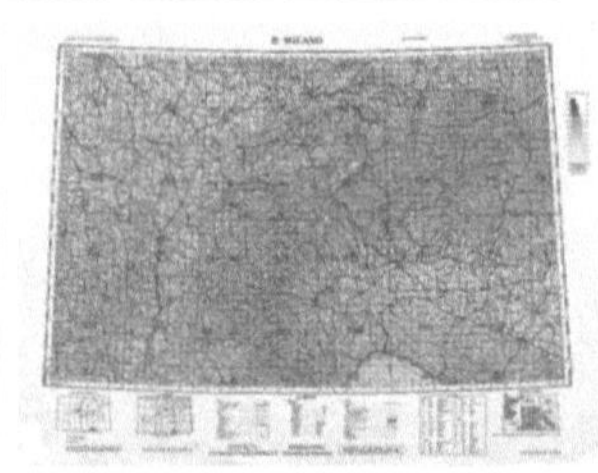

topographische Karte Schweiz – Rhône-Alpes – Lombardei – Südtirol

Die Lombardei grenzt im Norden an die Schweizer Kantone Tessin und Graubünden, im Osten an die italienischen Regionen Trentino-Südtirol und Venetien, im Süden an Emilia-Romagna und im Westen ans Piemont.

Die Lombardei hat Teil an den großen norditalienischen Seen: dem Lago Maggiore (der die Grenze zum Piemont und zum Tessin bildet), dem Lago di Lugano (Grenze zum Tessin), dem Lago di Como und Lago d'Iseo (beide vollständig lombardisch) und dem Lago di Garda (Grenze zu Trentino-Südtirol und Venetien).

Die Landschaftsformung ist sehr unterschiedlich: im Norden die alpinen Regionen etwa das Veltlin, im Süden die Poebene. Das gesamte Territorium entwässert über den an der südlichen Grenze in West-Ost-Richtung fließenden Po, dessen wichtigste Nebenflüsse auf lombardischem Gebiet der Ticino, die Adda, der Oglio und der Mincio sind.

Wirtschaft

Die Lombardei ist Italiens führende Wirtschaftsregion, wobei die Agglomeration um die Hauptstadt Mailand die wichtigste Rolle spielt. Mailands Wirtschaftsstruktur wird überwiegend durch Handel, Banken und Italiens wichtigste Börse geprägt. Aber auch im verarbeitenden Gewerbe ist der Großraum Mailand dominant; ferner ist die Industriemetropole Brescia bedeutend.

Die Lombardei

Innerhalb der EU erreicht das BIP pro Einwohner der Lombardei, ausgedrückt in Kaufkraftstandards, einen Indexwert von 141,5 (EU27: 100) (2004),[3] den höchsten Wert für eine italienische Region (NUTS-2-Ebene). Auch die Arbeitsproduktivität der Lombardei ist die höchste für eine italienische Region. Das BIP in der Lombardei wurde 2006 von 4.417.000 Erwerbstätigen erbracht. Die Arbeitslosigkeit liegt bei nur 3,87 % (2006), die somit deutlich unter dem italienischen Schnitt von 8,6 % liegt.[4]

In der Landwirtschaft spielen die fruchtbaren Ebenen im Süden eine wichtige Rolle.

In der Lombardei gibt es drei Verkehrsflughäfen: Als größten den *Aeroporto internazionale Milano-Malpensa* (MXP) in der Provinz Varese, als nächsten den *Aeroporto Enrico Forlanini*, besser bekannt als *Milano-Linate* (LIN) in der Nähe von Mailand und den *Aeroporto internazionale Orio al Serio* (BGY) bei Bergamo, der hauptsächlich von Fracht- und Billigfluggesellschaften genutzt wird.

Geschichte

Antike

Lago d'Iseo und Berge der Umgebung

Zur Zeit des Römischen Reiches war das Gebiet der Lombardei Teil von Gallia Transpadana. Zusammen mit den anderen Regionen nördlich des Po (Venetien und Piemont) erhielt es 89 v. Chr. nur das latinische Bürgerrecht, nicht die vollen Bürgerrechte. Die vollen Bürgerrechte erhielt es im Jahr 49 v. Chr. Zusammen mit dem Piemont bildete es in Augustus' Verwaltungsstruktur die 11. Region.

Gegen Ende des 4. Jahrhunderts gehörte das Gebiet zur Provinz Liguria, deren Hauptstadt Mediolanum (Mailand) war. Hier wirkte Bischof Ambrosius von Mailand. In der Völkerwanderungszeit wurde die spätere Lombardei zunächst von den Westgoten erobert (401–412). 452 zogen die Hunnen durch Oberitalien. 493–540 und 544–549 war Oberitalien ostgotisch. Durch den Gotenkrieg Justinians fiel es wieder an (Ost-)Rom zurück.

Mittelalter

568 wurde die Po-Ebene von den Langobarden unter König Alboin erobert. Diese errichteten hier ein Langobardisches Königreich mit der Hauptstadt Pavia, das gegen 670 fast ganz Italien umfasste, und unter Grimoald (662–671) und Liutprand (712–744) seine größte räumliche Ausdehnung. Das Kernland des langobardischen Reichs trägt seither den Namen *Langobardia* oder *Lombardia.*

754 griffen die Franken unter Pippin in den Krieg zwischen Papst Stephan II. und den Langobarden ein. Sie besiegten die Langobarden, trennten das Land zwischen dem unteren Po und den Apenninen von der Lombardei ab und schenkten es dem Papst (Pippinische Schenkung). Die Gegend um Bologna und Ravenna fiel somit an den Kirchenstaat.

773/774 eroberten die Franken unter Karl dem Großen das Langobardische Königreich. Im Zuge der karolingischen Reichsteilungen wurde die Lombardei Mittelpunkt des karolingischen, später ottonischen Königreichs Italien. Die deutschen Könige waren zugleich Träger der langobardischen Krone (Reichsitalien). Im Osten und Südosten des kaiserlich-langobardischen Reichs erstarkten zwei Markgrafschaften, die von Verona und die von Tuscien. Gegen diese stärkte Kaiser Heinrich III. die Städte der Lombardei mit Privilegien. Heinrich IV. erschien 1077 auf der Burg von Canossa, dem Stammsitz der Markgräfin von Tuscien, Mathilde, die sich gegen ihn auf die Seite des Papstes gestellt hatte.

Die lombardischen Städte nahmen – auch durch die Kreuzzüge – einen starken wirtschaftlichen Aufschwung und wurden – begünstigt durch die anderweitig interessierten Kaiser Lothar von Supplinburg und Konrad III. – politisch unabhängig. Oftmals gingen sie Bündnisse mit dem Papst gegen den Kaiser ein. Mit ihrer Unabhängigkeit nahmen sie auch die Ausübung der königlichen Rechte (Regalien) in ihrer Umgebung für sich in Anspruch.

Kaiser Friedrich I. (Barbarossa) forderte 1158 während des Reichstags auf den Ronkalischen Feldern (südöstlich von Mailand) die Rückgabe der Regalien an die Krone. Durch die Weigerung der lombardischen Städte kam es zum Krieg und zur Bildung des Lombardischen Städtebundes gegen den Kaiser (1167). 1176 unterlag Friedrich I. den lombardischen Städten in der Schlacht bei Legnano (nordwestlich von Mailand). Im Frieden von Konstanz anerkannte er 1183 den Lombardischen Städtebund und überließ die innerhalb der Stadtmauern gelegenen Regalien den Städten. Unmittelbar anschließend verbündete sich Mailand mit dem Kaiser und gestattete die dortige Krönung des Sohnes Friedrichs, Heinrichs VI., zum König von Italien. Daraufhin verbündete sich der Papst mit den Welfen, und in der Lombardei entstanden überall zwei politische Parteien, die der Ghibellinen (Waiblinger, Staufer) und der Guelfen (Welfen).

1232 sah sich Friedrich II. einer Opposition aus seinem Sohn Heinrich VII. und den lombardischen Städten gegenüber, die gemeinsam gegen das von Friedrich bestätigte *Statutum in favorem principum* opponierten. Nach dem Sieg über Heinrich schlug Friedrich auch die lombardischen Städte 1237 in der Schlacht von Cortenuova zwischen Bergamo und Brescia.

Auch nach dem Ende der Staufer standen sich in den lombardischen Städten weiter papsttreue und kaisertreue Parteien gegenüber. In den größeren Städten entstanden Patrizier-Dynastien, die die Macht in den Stadtstaaten untereinander aufteilten. In Mailand herrschten seit Heinrich VII. die Visconti. Unter Gian Galeazzo Visconti (1385–1402) eroberte Mailand weite Teile der Lombardei, insbesondere die Nachbarstädte Pavia, Piacenza, Parma und Cremona, außerdem Bergamo, Brescia, Verona, Como und das Veltlin. Genua, Mantua und Modena blieben unabhängig. Turin und das Piemont blieben beim Herzogtum Savoyen. 1395 wurde Mailand Herzogtum innerhalb des Heiligen Römischen Reiches. Das Herzogtum Mailand wurde zum Vorläufer der heutigen Region Lombardia, und die Geschichte der Lombardei wurde zunehmend zur Geschichte Mailands.

Im folgenden Konflikt mit der Republik Venedig verlor Mailand den Nordosten der Po-Ebene wieder. 1406 fiel Verona an Venedig, 1428 auch Bergamo und Brescia.

Renaissance und Neuzeit

1450 riss Francesco Sforza in Mailand die Macht an sich. Gegen Ende des 15. Jahrhunderts geriet die Lombardei in den Blick der neuen Großmächte Frankreich, Habsburg und der Schweiz und wurde für etwa ein halbes Jahrhundert zu deren Kriegsschauplatz. Zunächst verbündete sich Mailand unter Ludovico Sforza mit Frankreich zwecks Eroberung Neapels. Anschließend kämpfte Frankreich an der Seite der Schweiz gegen Mailand und besetzte dieses 1500. Die Schweiz erhielt 1503 Bellinzona. Parma und Piacenza wurden päpstlich. Nachdem Neapel 1504 spanisch geworden war und Spanien per Heirat an Habsburg gebunden war, kämpften Frankreich und Habsburg gemeinsam mit dem Papst gegen Venedig, das Bergamo und Brescia vorübergehend wieder verlor (1509). Anschließend verbündete sich der Papst mit Habsburg und England gegen Frankreich, das Mailand 1512 wieder räumen musste. Das Veltlin wurde 1512 von den Graubündnern besetzt; der Papst verlor Parma und Piacenza. 1515 gewann Frankreich unter Franz I. mit seinem Sieg über die Schweizer bei Marignano Mailand zurück. 1516 anerkannte Spanien die französische Herrschaft über Mailand; der neue (habsburgische) König Karl I. (Kaiser Karl V.) fühlte sich aber nach seiner Thronbesteigung im gleichen Jahr nicht daran gebunden. 1525 besiegte Karl Franz bei Pavia, worauf Mailand und Genua im Frieden von Madrid 1526 wieder (formal) unabhängig wurden. 1535 fiel Mailand endgültig an Habsburg, und mit der Erbteilung 1556 wurde es spanisch. Parma und Piacenza wurden 1545 zum Herzogtum Parma; Modena und Mantua blieben unabhängige Herzogtümer, während Brescia und Bergamo venezianisch blieben.

Mit dem Westfälischen Frieden schied die Lombardei 1648 formell aus dem Verband des Heiligen Römischen Reiches aus, zu dem sie seit dem Ende der Staufer ohnehin nur noch locker gehört hatte. An der territorialen Zuordnung änderte sich durch den Westfälischen Frieden nichts.

Infolge des Spanischen Erbfolgekriegs wurden Mantua 1708, Mailand 1714 und Parma 1735 österreichisch. Der Westen des Herzogtums vom Valle Antigorio bis hinunter nach Piacenza fiel 1713/1748 an Savoyen/Königreich Piemont-Sardinien.

Französische Revolution und Napoleon

In seinem Italienfeldzug ab März 1796 konnte Napoleon rasch große Teile Norditaliens – die Lombardei sowie Teile des Kirchenstaats und Sardinien-Piemonts – erobern. Unterstützt wurde er dabei von der verbreiteten Abneigung der Italiener gegen die österreichische Fremdherrschaft. Sie sprachen sich für eine Demokratie und gegen Feudalismus und Klerikalismus aus. Obwohl das Direktorium eigentlich andere Pläne hatte, arbeitete Napoleon auf die Errichtung einer eigenständigen Republik im Norden Italiens hin.

Napoleon beseitigte die österreichische Herrschaft in Mailand und Mantua ebenso wie die Selbständigkeit Venedigs. Im Oktober 1796 wurde südlich des Po die Cispadanische Republik gegründet, am 9. Juli 1797 nördlich des Po die Transpadanische Republik, die im Wesentlichen das Territorium der Lombardei umfasste. Im Laufe des Jahres wurde die Republik in Cisalpinische Republik umbenannt, und es wurden ihr die Cispadanische Republik, Teile Venetiens, die während des Winterfeldzugs gegen Österreich annektiert worden waren sowie das schweizerische Veltlin angegliedert. Die Gebiete westlich von Mailand kamen mit dem Piemont unter französische Militärverwaltung. Das Herzogtum Parma blieb zunächst erhalten.

Die Phase von recht großer Freiheit endete mit dem Zweiten Koalitionskrieg im April 1799, und die von den Franzosen errichteten Republiken in Italien brachen unter dem Vormarsch der russischen Armeen des Generals Suworow zusammen. Nach seinem Staatsstreich im November überquerte Napoleon abermals die Alpen und konnte die österreichisch-russische Armee wieder zurückdrängen. Nach der Schlacht von Marengo wurde die Cisalpinische Republik wieder errichtet.

Nach den Friedensschlüssen von Lunéville und Amiens wandelte Napoleon die Cisalpinische Republik mittels einer konstituierenden Versammlung in Lyon in eine italienische Republik um. An deren Spitze wurde auf französischen Druck Napoleon selbst für zehn Jahre gewählt. Weitgehend auf repräsentative Funktionen beschränkt war der Vizepräsident Francesco Melzi d'Eril, ein lombardischer Adliger. Es gab eine Verfassung und eine legislative

Versammlung, aber in der Praxis wurde das Staatsgebilde weitgehend von Frankreich aus gesteuert.

Nach der Gründung des Französischen Kaiserreichs 1804 wurden auch die italienischen Staaten nun offiziell in Monarchien umgewandelt. Napoleon selbst wurde am 26. Mai 1805 mit der alten langobardischen Eisenkrone gekrönt, nachdem sein Bruder Joseph die Königswürde abgelehnt hatte. Sein Stiefsohn Eugène de Beauharnais wurde Vizekönig. Parma wurde dem französischen Empire angegliedert.

Risorgimento

Nach dem Sturz Napoleons 1814 übergab Eugène Mailand ohne Widerstand an Österreich. Der Wiener Kongress gab Habsburg außer Mailand auch Venetien – einschließlich der zuvor venetianischen Teile der Lombardei – und stellte im übrigen Italien weitgehend die vornapoleonischen Verhältnisse wieder her. Die Lombardei und Venetien wurden zum Königreich Lombardisch-Venetien zusammengefasst, als dessen Könige die österreichischen Kaiser fungierten, wenn auch die Verwaltung von Österreich getrennt war.

Die starke Abhängigkeit von Wien, die Polizeimethoden und die von Deutschen dominierte Bürokratie wurde bald zum Ärgernis für die Italiener. Die Ideen der Carbonari schwappten aus Süditalien in die Lombardei über. Das politische Ziel – eine Vereinigung Norditaliens unter dem sardinisch-piemontesischen König Karl Albert, eine Konföderation der italienischen Staaten oder eine italienische Republik – war noch umstritten. Allen diesen Richtungen war gemeinsam, dass die Österreicher aus Norditalien vertrieben werden sollten.

Als die Revolution von 1848 in mehreren europäischen Hauptstädten ausbrach, kam es in Mailand zu den Aufständen der *Cinque giornate* (18.–22. März), und die österreichischen Truppen mussten sich aus der Stadt zurückziehen. Wenige Wochen später erklärte das Piemont Österreich den Krieg und marschierte in die Lombardei ein. So wie die Revolution anderswo in Europa zusammenbrach, wurden auch die alten Zustände in der Lombardei wiederhergestellt.

Im Anschluss daran versuchte Cavour von Piemont aus mit französischer Unterstützung, die Lombardei von Österreich zu lösen. 1859 kam es zum von Österreich erklärten Krieg. Nach Niederlagen bei Magenta (zwischen Mailand und Novara) und Solferino (südlich des Gardasees) trat Österreich die Lombardei einschließlich der vormals venetianischen Gebiete um Bergamo und Brescia an Frankreich ab. 1860 trat Frankreich die Lombardei im Tausch gegen Savoyen und Nizza an Piemont-Sardinien ab. Parma und Modena blieben unabhängig. Im März 1861 machte sich der piemontesische König zum König von Italien. Die Lombardei ist seither italienische Provinz.

Österreichische
Lokalbriefmarkenausgabe
von 1850 für Lombardei
und Venetien

Zweiter Weltkrieg

Mussolini gründete nach seiner Befreiung durch die Deutschen auf dem Gran Sasso seine vollständig von Deutschland abhängige und seit September 1943 von deutschen Truppen besetzte Repubblica Sociale Italiana. Die Lombardei wurde zusammen mit dem Piemont und Venetien erst in den letzten Kriegstagen befreit, nachdem die Alliierten am 19. April 1945 bei Bologna nach Norden durchgebrochen waren.

Gegenwart

Die Lombardei war in der jüngsten Vergangenheit Ausgangspunkt von Sezessionsbestrebungen. Am 10. März 1982, offiziell am 12. April 1984, gründete Umberto Bossi eine *Lega Autonomista Lombarda*, die zur Keimzelle der heutigen politischen Partei *Lega Nord* wurde.

Literatur

- Dewiel, Lydia L.: *Lombardei und Oberitalienische Seen.* Köln [5]1996

Weblinks

- Lombardia Storica – portale regionale di risorse storiche e archivistiche [5]
- Italien – Kultur in den Regionen: Lombardia Lombardei [6]
- Lombardei [7] *(Geschichtlicher Überblick)*

Einzelnachweise

[1] *Statistiche demografiche ISTAT* (http://demo.istat.it/bil2010/index04.html). Bevölkerungsstatistiken des Istituto Nazionale di Statistica vom 31. Dezember 2010.

[2] http://www.regione.lombardia.it/

[3] Eurostat: Regionales BIP je Einwohner in der EU27, http://epp.eurostat.ec.europa.eu/pls/portal/docs/PAGE/ PGP_PRD_CAT_PREREL/PGE_CAT_PREREL_YEAR_2007/PGE_CAT_PREREL_YEAR_2007_MONTH_02/1-19022007-DE-AP. PDF

[4] http://www.wirtschaftsblatt.at/home/international/wirtschaftspolitik/arbeitslosigkeit-in-italien-mit-86-prozent-stabil-457382/index.do

[5] http://plain.unipv.it/

[6] http://www.g26.ch/italien_kultur_lombardei.html

[7] http://www.flaggenlexikon.de/flombard.htm

Koordinaten: 46° N, 10° O

Lobenlinie

Lobenlinien sind bei fossilen Ammonoideen und Nautiloideen die Nähte zwischen der Gehäusewand und den Kammerscheidewänden (Septen). Die Lobenlinie ist bei den fossilen Arten unmittelbar nach Entfernung der Schale an den Steinkernen sichtbar. Ihre Form ist die wichtigste Eigenschaft der Ammonitenschale zur Unterscheidung der verschiedenen Arten der Ammonoideen. Die Lobenlinie ist meist wellig. Die zur Mündung (vorn) hin laufenden Krümmungen bezeichnet man als Sättel, die von der Mündung weg (hinten) spitz zulaufenden Enden als Loben. Die Lobenlinie wird aufgerollt dargestellt, sie beginnt am konvexen Außenrand der Schale und endet am konkaven Innenrand der Windung. Besonders die zunehmende Komplizierung der Septenverfaltung der Ammoniten ist Gegenstand der Untersuchung. Dabei bieten sich zwei Interpretationen an:

Lobenlinie eines Ammoniten

- Septen werden als wichtige *Stützelemente* für den Phragmokon aufgefasst. Die wellblechartige Verfaltung der Septen soll demnach helfen, dem von außen auf den Phragmokon gerichteten hydrostatischen Druck entgegenzuwirken.
- Septenverfaltung kommt wegen der *Oberflächenvergrößerung* dem Tauchverhalten zugute. Hier soll die Verfaltung der Septen den Transport der Kammerflüssigkeit beschleunigen und bessere Abtauch- und Auftauch-Geschwindigkeiten ermöglichen.

Unterscheidung

Man unterscheidet folgende Arten der Lobenlinie:

- Prosutur: die Lobenlinie der glatten oder ovalen Anfangskammer
- Primärsutur: erste typische Lobenlinie der ersten Luftkammer im ontogenetischen Entwicklungsgang des Ammoniten
- Sekundärsutur: entsteht aus der Primärsutur durch Vermehrung der Loben

Trotz der Vielfalt der Ammoniten und der Ausbildung der Lobenlinien sind drei Typen erkennbar, die jedoch erdgeschichtlich keine eindeutige Entwicklungsreihe darstellen. Ursprünglich wurden die drei Großgruppen einer zeitlichen Abfolge gleichgesetzt: Goniatiten (Palaeoammonoidea) im Devon bis Perm, Ceratiten (Mesoammonoidea) in der Trias und Ammoniten (Neoammonoidea) im Jura und der Kreide. Diese ursprüngliche, einfache Untergliederung ist jedoch nicht mehr aufrechtzuerhalten, da ceratitische und goniatitische Lobenlinien auch in der Kreide und ammonitische Lobenlinien auch im Perm vorhanden sind. Die neue Gliederung basiert auf der Phylogenie der Primärsutur: Devon bis Perm mit einer dreilappigen (trilobaten) Primärsutur (ELI, Bedeutung der Abkürzungen siehe weiter unten), Trias mit einer vierlappigen (quadrilobaten) Primärsutur (ELUI) und Jura mit einer fünflappigen (quinquelobaten) Primärsutur (ELU2U1I). In der Kreide findet man drei verschiedene Formen: quadrilobat, quinquelobat und sexlobat (sechslappig, ELU2U3U1I).

Die drei Typen der Lobenlinien sind nach der Kompliziertheit gegliedert:

- Goniatiten-Form: Sutur wellenförmig gebogen oder geknickt; keine Zerschlitzung der Loben
- Ceratiten-Form: ganzrandige Sättel, Loben nach hinten gezahnt
- Ammoniten-Form: in hohem Maße verästelte Sättel und Loben

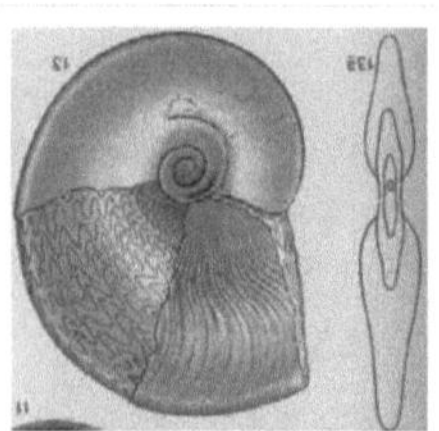

goniatitische Lobenlinie

ceratitische Lobenlinie

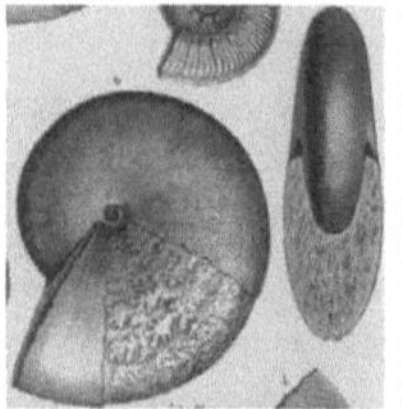

ammonitische Lobenlinie

Je nach Lage auf dem Gehäuse werden verschiedene Abschnitte der die Lobenlinie verursachenden Wellungen der Scheidewand mit eigenen Namen bezeichnet. Bedeutung für die Bestimmung der Ammonoideen haben vor allem die Loben:

- Extern-Lobus an der Außenseite über dem Kiel des Gehäuses (E)
- Adventiv-Lobus zwischen Extern- und Lateral-Lobus, manchmal mehrere (A_1, A_2 usw.)
- Lateral-Lobus auf der Seitenfläche, meist deutlich größer als die Umbilikal-Loben (L)
- Umbilikal-Lobus zwischen Lateral-Lobus und Intern-Lobus, oft mehrere (U_1, U_2, U_3 usw.)
- Intern-Lobus auf der Innenseite der Gehäusewindung (I)

Eingebürgert hat sich die Kurzbezeichnung der vorhandenen Loben durch die Lobenformel, die die vorkommenden Loben zusammenfasst. So besitzt zum Beispiel die Gattung *Discoclymenia* aus dem Oberdevon die Lobenformel $EA_3A_2A_1LUI$.[1]

Siehe auch

* Lobus

Einzelnachweise

[1] Emil Kuhn Schnyder, Hans Rieber: Paläozoologie - Morphologie und Systematik der ausgestorbenen Tiere, 390 S., Georg Thieme Verlag, Stuttgart - New York 1984, ISBN 3-13-653301-1

Ozeanboden

Der **Ozeanboden** (auch Meeresboden oder Meeresgrund genannt) ist der von Meerwasser bedeckte Teil der Lithosphäre der Erde und nimmt damit 71% der Planetenoberfläche ein. Er besteht im Bereich des Kontinentalrandes aus kontinentaler, in den übrigen Bereichen aus ozeanischer Erdkruste.

Ozeanböden liegen im globalen Durchschnitt in etwa 3,8 km Tiefe unter dem Meeresspiegel (Kossinna, 1921). Den ausgedehnten und tiefen Meeresbecken steht eine viel geringere mittlere Höhe der Kontinente gegenüber, die nur etwa 230 m beträgt, was an den ausgedehnten Flachländern liegt, die rund zehnmal mehr Fläche als die Gebirge bedecken.

Das Relief der Ozeanböden

Der Meeresboden ist von seiner Beschaffenheit her gleichförmiger als das Festland, denn er ist nur wenigen Erosionskräften ausgesetzt. Bei diesen handelt es sich hauptsächlich um Strömungen, aber auch Eisberge können den Meeresboden erodieren.

Vom Kontinentalschelf zur Tiefsee

Wie ein Gürtel umrahmt eine Flachsee-Region, der Schelf, auch Festlandssockel genannt, die Küsten der Kontinente. Er entstand teilweise als Folge des niedrigeren Wasserspiegels während der Eiszeiten und liegt durchschnittlich bis 200 m unter dem Meeresspiegel, kann aber auch Tiefen zwischen 50 m und 300 m erreichen. Seine Breite schwankt zwischen 10 km im Golf von Biscaya und 200 km an der Nordküste Sibiriens.

Dort, wo größere Ströme ins Meer münden, kann ihre Erosionskraft tiefe canyonartige Einschnitte in den Schelf reißen. Diese Canyons entstammen zum Teil dem Stromverlauf während der Eiszeiten, können aber auch heute noch eingetieft werden.

Auf die Schelfzonen folgt seewärts der rund 80 km breite Kontinentalabfall, der sich meist relativ glatt bis in eine Tiefe von 3500 bis 4000 Meter fortsetzt.

Ca. 50% des Ozeanbodens liegen in rund 4000 bis 5000 m Tiefe.

Inseln und Mittelozeanische Rücken

Zwischen den einzelnen Tiefseebecken gibt es oft Inseln oder Inselketten, doch auch einzelne Unterwasser-Berge existieren in großer Zahl. Das größte Gebirge der Ozeane ist der Mittelozeanische Rücken, mit 60 000 km der längste zusammenhängende Gebirgszug der Erde, der sich um die ganze Erde zieht. Allein der Mittelatlantische Rücken ist schon über 15.000 km lang.

Diese schmalen, langgestreckten, meist submarin verlaufende Gebirgszüge erreichen selten eine so große Höhe, dass sie als Inseln über der Meeresoberfläche sichtbar werden, wie das zum Beispiel in Island der Fall ist. Der Kamm dieser Schwellen oder Rücken ist auf seiner ganzen Länge von einer zentralen Grabenzone durchzogen, die mehrfach gegeneinander durch querlaufende Brüche, den Transformstörungen, versetzt ist.

Die Mittelozanischen Rücken verdanken ihr Entstehen dem Aufreißen der ozeanischen Kruste entlang der Plattengrenzen. Hier tritt basaltisches Magma aus dem Erdmantel und erstarrt am Meeresboden. Das stetig nachdrängende Magma schiebt den Ozeanboden um 2–12 cm jährlich beidseitig auseinander und füllt die entstehenden Spalten mit erstarrenden Basalten. Die neue ozeanische Kruste, die sich durch dieses so genannte Ozeanbodenspreizung ständig bildet, wird an den Grenzen der Kontinente in jeweils unterschiedlicher Stärke subduziert, weshalb die Kontinente driften.

Tiefseerinnen und Inselketten

An manchen Stellen der Ozeane finden sich schmale, langgestreckte, so genannte Tiefseerinnen (veraltet Tiefseegräben), die im Durchschnitt 40 km breit und 6 km tief sind. Hier werden die größten Tiefen der Ozeanböden gemessen. An einigen dieser Stellen reicht die Tiefsee bis zu 11 km in die Tiefe.

Tiefseerinnen finden sich ausschließlich in Bereichen der Subduktionszonen und folgen damit den Plattengrenzen der Erdkruste: Hier schieben sich schwerere, ozeanische Krustenteile mit einigen Zentimeter pro Jahr unter leichtere, kontinentale Kruste. Dabei wird nicht nur Ozeanboden in große Tiefen gezogen, sondern auch Krustenmaterial aufgeschoben, so dass sich, in Begleitung häufiger Erdbeben, nicht selten vulkanische Inselketten an der landzugewandten Seite der Rinnen bilden. Dieser „pazifische Feuerring" bildete auf Kamtschatka in Ostsibirien Festlandmasse und führte andernorts zur Entstehung der Inselgruppen der Aleuten, Japans, der Philippinen usw.

Als Tiefseerinne erreicht der Marianengraben im Pazifik die Rekordtiefe von 11.022 m u. NN. Die tiefste Rinne des Atlantiks ist der Puerto-Rico-Graben mit 9.219 m u. NN und die größte Tiefe im Indischen Ozean liegt bei 7.455 m u. NN.

Noch sind nicht alle Lebensformen erforscht, die unter den extremen Bedingungen der Lichtlosigkeit und des hohen Drucks am Grund der Tiefseerinnen leben können. Weil bei der Subduktion auch fast alle Sedimente des Tiefseebodens verloren gehen, ist auch über die Lebenswelt der Tiefsee vergangener Erdzeitalter relativ wenig bekannt.

Flach- und Binnenmeere

Die Böden der meisten Binnenmeere sind wenig gegliedert, wie man etwa an den Beispielen Ostsee und Kaspisches Meer beobachten kann. Eine Ausnahme bildet das Mittelmeer: Es liegt im Spannungsfeld der Afrikanischen und Eurasischen Platte, das sich besonders in seinen östlichen Anrainerländern manifestiert. Vor Griechenland erreicht es fast 5000 Meter Tiefe, während es im Zentrum der Ägäis nur 200 m aufweist. Die Trennung zum westlichen Mittelmeer stellt Sizilien mit dem großen Vulkan Ätna und vielen kleineren Vulkanen weiter nördlich dar. Da sich Afrika stetig nach Norden bewegt, kollidiert es mit der Eurasischen Platte und wird den Mittelmeerboden in der kommenden geologischen Zeit anheben und falten. Durch Strömungen werden bereits heute Sedimente in tiefer liegende Areale geliefert, bis der Boden der Ägäis schließlich verlanden und an einer gebirgsbildenden Phase beteiligt sein wird.

Sedimente der Ozeanböden

Ozeanböden sind meist mit Tiefsee-Sedimenten bedeckt, deren Mächtigkeit im Durchschnitt 800 m beträgt, aber im Extremfall zwischen 0 und 5 km schwankt. Da Ozeanböden sich ständig von den mittelozeanischen Rücken her erneuern und an den Ozeanrändern in den Subduktionszonen wieder abtauchen, nimmt die Sedimentmächtigkeit mit zunehmender Entfernung zu den Rücken zu. Die Ablagerungen unterteilt man je nach Wassertiefe in Flachmeer- und Tiefseeablagerungen.

Flachmeerablagerungen

Das Flachmeer umfasst den vom Ozean überspülten Teil des Kontinentalsockels, auch Kontinentalschelf genannt. Dieser Bereich wird durch Brandung, Gezeiten und Strömung stark bewegt. Hier besteht der Ozeanboden vorwiegend aus festländischem Material. Es handelt sich dabei in der Regel um Sande und Kiese, im Gezeitenzonen auch um Schlick und Schlamm.

Tiefseeablagerungen

Über die Hälfte des Meeresbodens besteht aus Tiefseeablagerungen. Sie enthalten fast kein festländisches Material und bestehen vorwiegend aus Tonen und Resten von Mikroorganismen.

Grob vereinfacht kann man sagen, dass die Größe der Sedimentpartikel abnimmt, je weiter man sich von der Küste entfernt.

Geschichte der Ozeanbodenforschung

Die systematische Erforschung der Meeresböden begann mit Tiefenmessungen, die seit 1922 mit Echolot durchgeführt wurden. Dabei sendet man während der Fahrt Schallwellen zum Meeresboden, die dort reflektiert und als Echo von einem Empfänger aufgezeichnet werden.

Die erste Tiefenkarte erschien 1854, und zwar über den Nordatlantik.

Später versuchten Forscher selbst in größere Tiefen abzutauchen. So erreichten Jacques Piccard und Don Walsh mit einem Tauchschiff im Marianengraben eine Tiefe von 10 916 m.

Siehe auch

* Meeresbergbau
* Internationale Meeresbodenbehörde

Weblinks

* http://www.c-f-v-siemens-og.de/home/projekte/vulkanismus/gruppe2.htm (Mittelatlantik und Vulkantypen auf Island)
* http://www.geysir.com/deutsch/natur/geologie/1.2.phtml (und die Entstehung Islands; mit BILD)

Recto

Recto (lat. *rectus* „aufrecht, gerade, richtig“) bezeichnet die Vorderseite eines Blattes Papier, Papyrus, Pergament oder auch einer Banknote. Ursprünglich bezeichnete man damit in der Papyrologie die meist allein beschriebene Innenseite der Papyrusrolle, auf der die einzelnen Papyrusstreifen parallel zu den Schriftzeilen und der Rollenlänge stehen. Abkürzung bei der Paginierung durch ein hochgestelltes „r“, z. B. 76^r.

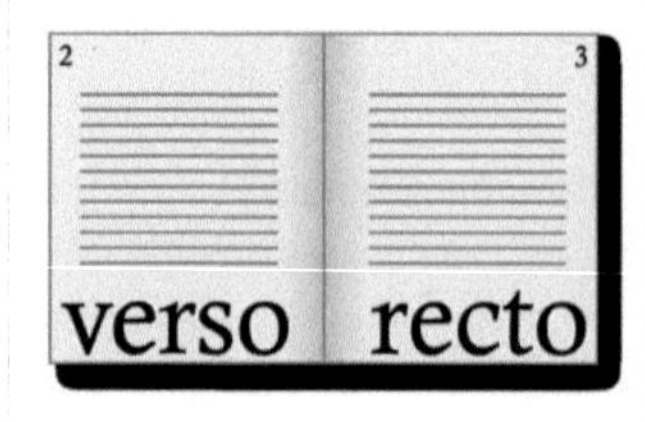

Das Gegenteil ist Verso.

Article Sources and Contributors

Aptychus *Source*: http://de.wikipedia.org/w/index.php?title=Aptychus *Contributors*: DF, Feba, Fristu, Geofriese, Herbye, Olaf Studt, PanzerHier, Pearl, Robin Spook, Southpark, Srbauer, Tinz, TomCatX, Wst, 9 anonymous edits

Ammoniten *Source*: http://de.wikipedia.org/w/index.php?title=Ammoniten *Contributors*: AF666, Accipiter, Achim Raschka, Adsp, Aglarech, Agno, Aineias, Aka, Andreas aus Hamburg in Berlin, Anhezu, Astrobeamer, August Ilg, Badman026, Baird's Tapir, Balu16, BesondereUmstaende, Bierdimpfl, Calle Cool, Cgommel, Chadmull, Claude J, Cymothoa exigua, DF, Dachbewohner, Dactylus, Dactylus2, DeX, Denis Barthel, Diba, Don Magnifico, Dr. René Hoffmann, Elya, Engeser, Ennimate, Ephraim33, ErnstA, Fell, FerdiBf, Fouk, Gerbil, Glochiceras, Habermehl, Haplochromis, Hardenacke, High Contrast, Hosse, Inkowik, Ixitixel, JCS, JWBE, Jens Lallensack, Jivee Blau, Jo Weber, Juesch, KaHe, Kai11, Kallemabrutz, Katharina, Kero, Kliojünger, Knochen, Kookaburra, Korinth, Kulac, LKD, Lacrimus, Leipnizkeks, Leonce49, Löschfix, MFM, MSprotte62, MU, MarcoBorn, Markus Schweiß, Martin1978, Meier99, Mgehrmann, Michael Gäbler, Michail, Mike Krüger, Morruk, Muscari, Necrophorus, Nowic, Numbo3, Odin, Olaf Studt, Onkel25, Ottomanisch, PanzerHier, Peter200, Philipendula, Pittimann, Pohli, Quarte, Rabax63, RacoonyRE, Rapober, Rauenstein, Raymond, Regi51, Regiomontanus, ReiKi, RobertLechner, Roffle, Roll-Stone, Rudolf Pohl, Rudschuck, Rufus46, STBR, Sansculotte, Saperaud, Schewek, Schubbay, Sinn, Sinuspi, Sk741, Slartibartfass, Solid State, Sprachpfleger, Spuk968, Stkrumm, Stw, TableSitter, TeesJ, Tesslo, Thierry Gschwind, Tigerente, TomCatX, Tomomarusan, Traitor, TruebadiX, Tschäfer, Ustill, Uwe Gille, Vesta, WAH, WReinhard, Wawrzyniec.chorazy, Whatnwas, WikiMax, Wilson44691, WortUmBruch, YourEyesOnly, 161 anonymous edits

Solnhofener_Plattenkalk *Source*: http://de.wikipedia.org/w/index.php?title=Solnhofener_Plattenkalk *Contributors*: Abubiju, Aka, AndreasPraefcke, Anneke Wolf, Artmax, Btr, Carbenium, Chadmull, Cliffscherer, Curtis Newton, Dbenzhuser, Density, DynaMoToR, Engeser, Factumquintus, Gfis, Giftmischer, Grixlkraxl, Howwi, Jamcelsus, Jed, Jens Lallensack, JuTa, Kuebi, LKD, Legat29, Lumu, Lysippos, MAY, Mef.ellingen, Memmingen, Michael Metzger, Oceancetaceen, PDD, ParaDox, Pempelfront, Plehn, Regi51, Roll-Stone, Satzko, Slimguy, Technokrat, Theobald63, TomAlt, TomCatX, Triggerhappy, Überraschungsbilder, 26 anonymous edits

Kopffüßer *Source*: http://de.wikipedia.org/w/index.php?title=Kopff%C3%BC%C3%9Fer *Contributors*: 1000, Aka, Aktions, Amtiss, Andrsvoss, Artfink, Avoided, Beyer, Bierdimpfl, Birger Fricke, BjörnO, Blaufisch, Buteo, ChristianBier, DF, Daniel 1992, DasBee, Denis Barthel, Density, DerHexer, Diba, Engeser, Engie, ErikDunsing, Flups, GNosis, Glenn, GordonKlimm, Haplochromis, Himuralibima, Hofoen, Hoo man, Hydro, Ibn Battuta, Ickle, Invisigoth67, JCS, JD, Javaprog, Jo Weber, Kero, KleinKlio, Langfinger, LetsGetLauth, Lupin III., Lychee, M-A-Z, Magnummandel, Michael Linnenbach, Mikue, Mnh, Necrophorus, Nerd, O.Koslowski, Olaf Studt, Paddy, PhJ, Phil41, Pittimann, Ralph aus calw, Randolph33, Ri st, Riptor, Rnordsieck, Rufus46, Ruhle, Slimcase, Soebe, Spuk968, Stechlin, Tastler, Tengai, Thorbjoern, Tigerente, Timk70, TomCatX, Trainspotter, Traitor, Trotamundos, Tsui, Tönjes, UtherSRG, Uwe Gille, Uwe Rumberg, WAH, Würstchenkönigin, 92 anonymous edits

Fossilisationslehre *Source*: http://de.wikipedia.org/w/index.php?title=Fossilisationslehre *Contributors*: ABF, Aka, Amidamaro, Amtiss, BKSlink, Bera, Blue giga1, Brudersohn, Cfoobar, Chadmull, DWay, Dbenzhuser, Diba, Diwas, Don Magnifico, Drahreg01, Engeser, Enyavar, GDK, Gerbil, Gnu1742, Hafenbar, HostaMadosta, IWolf, Ilianos, Jivee Blau, Johnny Controletti, Jpp, Jürgen Engel, KaiMartin, KnightMove, LS, Leider, Lennart93, Liborianer, Löschfix, M.ottenbruch, Maelcum, Malice!, Max Plenert, Millbart, Nobart, Peter200, Pilawa, Pittimann, Polarlys, Qaswed, Regiomontanus, Reinhard Kraasch, Rolf H., Roo1812, Sabata, Schwalbe, Shinesparky fuso, Small Axe, Spuk968, Tango8, Thomas Schulte im Walde, TomCatX, Tommy Kellas, Traitor, Trilo, Triops, Tönjes, Weneg, Wkrautter, YourEyesOnly, Ziegelangerer, 75 anonymous edits

Funktion_(Objekt) *Source*: http://de.wikipedia.org/w/index.php?title=Funktion_%28Objekt%29 *Contributors*: Andres, Avoided, DolphinBGG, GeorgHH, Gyoergi, Hæggis, I217, Jivee Blau, Mmg, Norro, Rangnawatgita, TomAlt, Ul1-82-2, €pa, 16 anonymous edits

Hornsubstanz *Source*: http://de.wikipedia.org/w/index.php?title=Hornsubstanz *Contributors*: Aineias, Aka, Bildungsbürger, Binningench1, Decius, Hardcoreraveman, Henning Ihmels, JCS, Jonathan Hornung, Katharina, Komischn, Onkelkoeln, Phrood, Prof. Holzfäller, RexNL, RobertLechner, Robodoc, SchwarzerKrauser, Sigune, Stefan Kühn, Thomas S., TrueBlue, Tsor, Uwe Gille, Wasserseele, WernerPopken, WortUmBruch, 14 anonymous edits

Operculum *Source*: http://de.wikipedia.org/w/index.php?title=Operculum *Contributors*: Achim Raschka, DF, Density, Don Magnifico, Elwe, Engeser, ErhardRainer, Factumquintus, H-stt, JuTa, KnightMove, Nikswieweg, Olaf Studt, Penshell, Rnordsieck, TomCatX, 5 anonymous edits

Unterkiefer *Source*: http://de.wikipedia.org/w/index.php?title=Unterkiefer *Contributors*: Aaaah, Amtiss, Andi d, Angr, Anti-neutrinos, Blaufisch, Brummfuss, Diba, Doc Taxon, Elchkuh, Gancho, JHeuser, Jivee Blau, Liesel, Markus.lensing, Mudd1, Nicor, R. Engelhardt, RosarioVanTulpe, Sandro Hassler, Sebastian Wallroth, Siehe-auch-Löscher, Taadma, Upofix, Uwe Gille, Vel, W!B:, Zor2112, 21 anonymous edits

Lombardei *Source*: http://de.wikipedia.org/w/index.php?title=Lombardei *Contributors*: Ahoerstemeier, Allesmüller, AndreasPraefcke, Ar-ras, Avowiki, Bahnpirat, Bernard Ladenthin, BerndGehrmann, Bernina, Black Smoker, BlackHeart, Bohr, Bouwe Brouwer, Christian1985, ChristianBier, Ciciban, Don Magnifico, Ephraim33, Farino, Fedi, Florian Huber, Florian.Keßler, Fomafix, Frank Schulenburg, Fristu, GT1976, GiordanoBruno, Groogokk, Guntscho, Hadhuey, Hauke Pribnow, He3nry, Head, Hei ber, Heinte, High Contrast, Highpriority, Hixteilchen, Hoss, Il Laziale, Jackalope, Jdiemer, KaPe, Kabelsalat, Karl-Henner, Komischn, Kpjas, Langec, MRB, Maclemo, ManfredK, Marrtin, Martin-vogel, Media lib, MichaelDiederich, Mnh, Monsterxxl, Nagy+, Nixred, Numbo3, Patavium, Pitichinaccio, Platte, Proofreader, RoBri, Robert Huber, Romanm, Rosa Lux, S0mG, Seewolf, Septembermorgen, Sinn, Sisal13, Sly, Star Flyer, Stefan64, Suisui, TUBS, TXiKi, Taxiarchos228, Toksave, Triebtäter, Tzzzpfff, User399, Voyager, W!B:, WIKImaniac, Wikiped, Wing, Wolpertinger, Ĝù, Ὸ οῖστρος, 75 anonymous edits

Lobenlinie *Source*: http://de.wikipedia.org/w/index.php?title=Lobenlinie *Contributors*: Density, Guandalug, Hans J. Castorp, Jo Weber, Le-comte, Nothere, Olaf Studt, Regiomontanus, ReiKi, RobertLechner, Robin Spook, Tinz, TomCatX, Wangen, Wawrzyniec.chorazy, 9 anonymous edits

Ozeanboden *Source*: http://de.wikipedia.org/w/index.php?title=Ozeanboden *Contributors*: 790, Aka, Axarches, BLueFiSH.as, CFT, Cepheiden, ChristophDemmer, D, Daaavid, Der Messer, DerHexer, Diba, Diwas, Engie, Erdbeerquetscher, ErikDunsing, Galilea, Geonarva, Gerhardvalentin, He3nry, Heinte, Howwi, JRG, Jed, LKD, Lofor, Markus Henkel, Minotauros, Olaf Studt, Rhgrrhpjre, RoFra, Rufus46, Sinn, Small Axe, Sozi, Speifensender, Stefan Kühn, TomCatX, Ty von Sevelingen, UW, Wikisearcher, Wirthi, Yacoov, Zaungast, Zero Thrust, Zollernalb, 31 anonymous edits

Recto *Source*: http://de.wikipedia.org/w/index.php?title=Recto *Contributors*: Abe Lincoln, Diwas, Enzian44, Holger Gruber, Jaellee, Man77, Olaf Studt, Secular mind, Sigune, TB42, Wikibert, WolfgangRieger, Wuzel, 4 anonymous edits

Image Sources, Licenses and Contributors

Datei:Aptychus.jpg *Source*: http://de.wikipedia.org/w/index.php?title=Datei:Aptychus.jpg *License*: unknown *Contributors*: DanielCD, Kevmin, Saperaud, Snek01, 1 anonymous edits

Datei:Ammonite with aptychi retracting.PNG *Source*: http://de.wikipedia.org/w/index.php?title=Datei:Ammonite_with_aptychi_retracting.PNG *License*: unknown *Contributors*: User:Antonov

Datei:Aptychi examples function.PNG *Source*: http://de.wikipedia.org/w/index.php?title=Datei:Aptychi_examples_function.PNG *License*: unknown *Contributors*: User:Antonov

Datei:Ammonoid.jpg *Source*: http://de.wikipedia.org/w/index.php?title=Datei:Ammonoid.jpg *License*: unknown *Contributors*: Heinrich Harder (1858-1935)

Datei:Parapuzosia seppenradensis cast.jpg *Source*: http://de.wikipedia.org/w/index.php?title=Datei:Parapuzosia_seppenradensis_cast.jpg *License*: unknown *Contributors*: User:Markus Schweiss

Datei:model of nipponites without softparts.jpg *Source*: http://de.wikipedia.org/w/index.php?title=Datei:Model_of_nipponites_without_softparts.jpg *License*: unknown *Contributors*: User:Dr. René Hoffmann

Datei:Perlmutt.jpg *Source*: http://de.wikipedia.org/w/index.php?title=Datei:Perlmutt.jpg *License*: unknown *Contributors*: User:Dr. René Hoffmann

Datei:Perlmutt-Struktur.jpg *Source*: http://de.wikipedia.org/w/index.php?title=Datei:Perlmutt-Struktur.jpg *License*: unknown *Contributors*: User:Dr. René Hoffmann

Datei:Argonauticeras.jpg *Source*: http://de.wikipedia.org/w/index.php?title=Datei:Argonauticeras.jpg *License*: unknown *Contributors*: User:Dr. René Hoffmann

Datei:Nautiloids shapes-DE.jpg *Source*: http://de.wikipedia.org/w/index.php?title=Datei:Nautiloids_shapes-DE.jpg *License*: unknown *Contributors*: User:Antonov, User:Jo Weber

Datei:Muskelansatzstelle.jpg *Source*: http://de.wikipedia.org/w/index.php?title=Datei:Muskelansatzstelle.jpg *License*: unknown *Contributors*: User:Dr. René Hoffmann

Datei:Aptychus_Solnhofen2.jpg *Source*: http://de.wikipedia.org/w/index.php?title=Datei:Aptychus_Solnhofen2.jpg *License*: unknown *Contributors*: User:Dr. René Hoffmann

Datei:Rhyncholith.jpg *Source*: http://de.wikipedia.org/w/index.php?title=Datei:Rhyncholith.jpg *License*: unknown *Contributors*: User:Dr. René Hoffmann

Datei:Nautilus_16bit.jpg *Source*: http://de.wikipedia.org/w/index.php?title=Datei:Nautilus_16bit.jpg *License*: unknown *Contributors*: User:Dr. René Hoffmann

Datei:ResultPlate01.jpg *Source*: http://de.wikipedia.org/w/index.php?title=Datei:ResultPlate01.jpg *License*: unknown *Contributors*: User:Dr. René Hoffmann

Datei:Spirulaschale.jpg *Source*: http://de.wikipedia.org/w/index.php?title=Datei:Spirulaschale.jpg *License*: unknown *Contributors*: User:Dr. René Hoffmann

Datei:Lobolytoceras_siemensi_low.jpg *Source*: http://de.wikipedia.org/w/index.php?title=Datei:Lobolytoceras_siemensi_low.jpg *License*: unknown *Contributors*: User:Dr. René Hoffmann

Datei:Ammonitenschema Gattungen.gif *Source*: http://de.wikipedia.org/w/index.php?title=Datei:Ammonitenschema_Gattungen.gif *License*: unknown *Contributors*: Original uploader was DF at de.wikipedia

Datei:Cheiloceras.jpg *Source*: http://de.wikipedia.org/w/index.php?title=Datei:Cheiloceras.jpg *License*: unknown *Contributors*: User:Dr. René Hoffmann

Datei:Ceratites2.jpg *Source*: http://de.wikipedia.org/w/index.php?title=Datei:Ceratites2.jpg *License*: unknown *Contributors*: User:Dr. René Hoffmann

Datei:Hildoceras.jpg *Source*: http://de.wikipedia.org/w/index.php?title=Datei:Hildoceras.jpg *License*: unknown *Contributors*: User:Dr. René Hoffmann

Datei:DiscoscaphitesirisCretaceous.jpg *Source*: http://de.wikipedia.org/w/index.php?title=Datei:DiscoscaphitesirisCretaceous.jpg *License*: unknown *Contributors*: User:Wilson44691

Datei:Perisphinctes ammonite.jpg *Source*: http://de.wikipedia.org/w/index.php?title=Datei:Perisphinctes_ammonite.jpg *License*: unknown *Contributors*: User:Masur

Datei:Hoploscaphites_ammonite.jpg *Source*: http://de.wikipedia.org/w/index.php?title=Datei:Hoploscaphites_ammonite.jpg *License*: unknown *Contributors*: User:DanielCD, User:Deadstar

Datei:Litography press with map of Moosburg 01.jpg *Source*: http://de.wikipedia.org/w/index.php?title=Datei:Litography_press_with_map_of_Moosburg_01.jpg *License*: unknown *Contributors*: Akinom, Chris 73, KJG2007, Leit

Datei:Solnhofener Plattenkalk.jpg *Source*: http://de.wikipedia.org/w/index.php?title=Datei:Solnhofener_Plattenkalk.jpg *License*: unknown *Contributors*: Roll-Stone

Datei:Zwicktasche.jpg *Source*: http://de.wikipedia.org/w/index.php?title=Datei:Zwicktasche.jpg *License*: unknown *Contributors*: Manfred E. Fritsche

Datei:Steinbruch Solnhofen 2004.jpg *Source*: http://de.wikipedia.org/w/index.php?title=Datei:Steinbruch_Solnhofen_2004.jpg *License*: unknown *Contributors*: Abubiju

Datei:Solnhofen II.jpg *Source*: http://de.wikipedia.org/w/index.php?title=Datei:Solnhofen_II.jpg *License*: unknown *Contributors*: AndreasPraefcke, FA2010

Datei:Solnhofen III.jpg *Source*: http://de.wikipedia.org/w/index.php?title=Datei:Solnhofen_III.jpg *License*: unknown *Contributors*: AndreasPraefcke, FA2010

Bild:HeiligeKunigunde.jpg *Source*: http://de.wikipedia.org/w/index.php?title=Datei:HeiligeKunigunde.jpg *License*: unknown *Contributors*: User:Ramessos

Bild:Hering Urteil des Paris um 1529.jpg *Source*: http://de.wikipedia.org/w/index.php?title=Datei:Hering_Urteil_des_Paris_um_1529.jpg *License*: unknown *Contributors*: Photo: Andreas Praefcke

Bild:Krug Adam und Eva 1514.jpg *Source*: http://de.wikipedia.org/w/index.php?title=Datei:Krug_Adam_und_Eva_1514.jpg *License*: unknown *Contributors*: Photo: Andreas Praefcke

Bild:Schweigger (Werkstatt) Salome2.jpg *Source*: http://de.wikipedia.org/w/index.php?title=Datei:Schweigger_(Werkstatt)_Salome2.jpg *License*: unknown *Contributors*: Photo: Andreas Praefcke

Datei:Archaeopteryx bavarica Detail.jpg *Source*: http://de.wikipedia.org/w/index.php?title=Datei:Archaeopteryx_bavarica_Detail.jpg *License*: unknown *Contributors*: AndreasPraefcke, Bibi Saint-Pol, Boenj, Herbythyme, Jo Weber, Juiced lemon, Kevmin, Luidger, Satrughna, TomCatX, Ulrichstill, 1 anonymous edits

Datei:Brittle star Schlangenstern fossil.jpg *Source*: http://de.wikipedia.org/w/index.php?title=Datei:Brittle_star_Schlangenstern_fossil.jpg *License*: unknown *Contributors*: Innotata, Kevmin, TomCatX

Datei:Dendrite solnhofen.jpg *Source*: http://de.wikipedia.org/w/index.php?title=Datei:Dendrite_solnhofen.jpg *License*: unknown *Contributors*: User:Lysippos

Datei:Reef2063.jpg *Source*: http://de.wikipedia.org/w/index.php?title=Datei:Reef2063.jpg *License*: unknown *Contributors*: Citron, Kjoonlee, Mschlindwein, Pristigaster, 1 anonymous edits

Datei:NautilusCutawayLogarithmicSpiral.jpg *Source*: http://de.wikipedia.org/w/index.php?title=Datei:NautilusCutawayLogarithmicSpiral.jpg *License*: unknown *Contributors*: User:Chris 73

Bild:Düne dead gull on seashore.jpg *Source*: http://de.wikipedia.org/w/index.php?title=Datei:Düne_dead_gull_on_seashore.jpg *License*: unknown *Contributors*: Uploader

Bild:Kansas sea2DB.jpg *Source*: http://de.wikipedia.org/w/index.php?title=Datei:Kansas_sea2DB.jpg *License*: unknown *Contributors*: Creator:Dmitry Bogdanov

Bild:Mamut enano-Beringia rusa-NOAA.jpg *Source*: http://de.wikipedia.org/w/index.php?title=Datei:Mamut_enano-Beringia_rusa-NOAA.jpg *License*: unknown *Contributors*: A.V. Lozhkin

Bild:foss-kind-1.jpg *Source*: http://de.wikipedia.org/w/index.php?title=Datei:Foss-kind-1.jpg *License*: unknown *Contributors*: Leipnizkeks, Trilo

Bild:foss-kind-2.jpg *Source*: http://de.wikipedia.org/w/index.php?title=Datei:Foss-kind-2.jpg *License*: unknown *Contributors*: Leipnizkeks, Trilo

Bild:foss-kind-3.jpg *Source*: http://de.wikipedia.org/w/index.php?title=Datei:Foss-kind-3.jpg *License*: unknown *Contributors*: Leipnizkeks, Trilo

Bild:foss-kind-4.jpg *Source*: http://de.wikipedia.org/w/index.php?title=Datei:Foss-kind-4.jpg *License*: unknown *Contributors*: Leipnizkeks, Trilo

Bild:foss-kind-5.jpg *Source*: http://de.wikipedia.org/w/index.php?title=Datei:Foss-kind-5.jpg *License*: unknown *Contributors*: Leipnizkeks, Trilo

Bild:foss-kind-6.jpg *Source*: http://de.wikipedia.org/w/index.php?title=Datei:Foss-kind-6.jpg *License*: unknown *Contributors*: Leipnizkeks, Trilo

Bild:foss-kind-7.jpg *Source*: http://de.wikipedia.org/w/index.php?title=Datei:Foss-kind-7.jpg *License*: unknown *Contributors*: Leipnizkeks, Trilo

File:Victorinox WorkChamp 1.jpg *Source*: http://de.wikipedia.org/w/index.php?title=Datei:Victorinox_WorkChamp_1.jpg *License*: unknown *Contributors*: Joachim Bornemann. Original uploader was Jobo at de.wikipedia. Later version(s) were uploaded by Jodo, MatthiasKabel at de.wikipedia.

Datei:Steinbock Schaedel.jpg *Source*: http://de.wikipedia.org/w/index.php?title=Datei:Steinbock_Schaedel.jpg *License*: unknown *Contributors*: User:Stefan Kühn

Datei:Roßthal_2010_Schulfest_11.jpg *Source*: http://de.wikipedia.org/w/index.php?title=Datei:Roßthal_2010_Schulfest_11.jpg *License*: unknown *Contributors*: User:Stefan Kühn

Datei:Operculum.jpg *Source*: http://de.wikipedia.org/w/index.php?title=Datei:Operculum.jpg *License*: unknown *Contributors*: Haustellum

Datei:Operkulum Tritonshorn.jpg *Source*: http://de.wikipedia.org/w/index.php?title=Datei:Operkulum_Tritonshorn.jpg *License*: unknown *Contributors*: Benutzer:Nikswieweg

Datei:Turbo Radiatus.jpg *Source*: http://de.wikipedia.org/w/index.php?title=Datei:Turbo_Radiatus.jpg *License*: unknown *Contributors*: Original uploader was Nikswieweg at de.wikipedia

Datei:Turbo Petholatus.jpg *Source*: http://de.wikipedia.org/w/index.php?title=Datei:Turbo_Petholatus.jpg *License*: unknown *Contributors*: Klaus Polak Original uploader was Nikswieweg at de.wikipedia

Bild:Human_skull_side_bones_numbered.svg *Source*: http://de.wikipedia.org/w/index.php?title=Datei:Human_skull_side_bones_numbered.svg *License*: unknown *Contributors*: user:LadyofHats

Datei:mandibula_lateral.png *Source*: http://de.wikipedia.org/w/index.php?title=Datei:Mandibula_lateral.png *License*: unknown *Contributors*: Foto: Markus Lensing; Text: Schüler der Zahntechniker Mittelstufe 8

Datei:Unterkiefer_dorsal.png *Source*: http://de.wikipedia.org/w/index.php?title=Datei:Unterkiefer_dorsal.png *License*: unknown *Contributors*: Oder Zeichner: Foto: Markus Lensing; Text: Schüler der Zahntechniker Mittelstufe 8 Original uploader was Markus.lensing at de.wikipedia

Bild:Regione-Lombardia-Stemma.svg *Source*: http://de.wikipedia.org/w/index.php?title=Datei:Regione-Lombardia-Stemma.svg *License*: unknown *Contributors*: User:F l a n k e r, User:Sinigagl

Bild:Flag of Lombardy.svg *Source*: http://de.wikipedia.org/w/index.php?title=Datei:Flag_of_Lombardy.svg *License*: unknown *Contributors*: User:F l a n k e r

Bild:Lombardy in Italy.svg *Source*: http://de.wikipedia.org/w/index.php?title=Datei:Lombardy_in_Italy.svg *License*: unknown *Contributors*: DenghiùComm, TUBS

Datei:NL-31-32.jpg *Source*: http://de.wikipedia.org/w/index.php?title=Datei:NL-31-32.jpg *License*: unknown *Contributors*: Compiled and drawn by S.P.C., War Office, London 1949. Published by the Geographical Section, General Staff, War Office, London under the direction of Director of Military Survey.

Datei:Lombardy Provinces.png *Source*: http://de.wikipedia.org/w/index.php?title=Datei:Lombardy_Provinces.png *License*: unknown *Contributors*: ALE!, Cflm001, Conscious, DenghiùComm, Gigillo83, Juiced lemon, Mortadelo2005, Vonvikken, ZooFari

Datei:Lago d'Iseo Italy aerial view.jpg *Source*: http://de.wikipedia.org/w/index.php?title=Datei:Lago_d'Iseo_Italy_aerial_view.jpg *License*: unknown *Contributors*: User:Toksave

Datei:Stamp Austria Lombardei 1850-1H.jpg *Source*: http://de.wikipedia.org/w/index.php?title=Datei:Stamp_Austria_Lombardei_1850-1H.jpg *License*: unknown *Contributors*: Josef Hess

Datei:Ammonite 2582.jpg *Source*: http://de.wikipedia.org/w/index.php?title=Datei:Ammonite_2582.jpg *License*: unknown *Contributors*: User:Vassil

Datei:Goganites.jpg *Source*: http://de.wikipedia.org/w/index.php?title=Datei:Goganites.jpg *License*: unknown *Contributors*: Kevmin, Maksim, Rüdiger Wölk, Ulrichstill, 1 anonymous edits

Datei:Ceratites.jpg *Source*: http://de.wikipedia.org/w/index.php?title=Datei:Ceratites.jpg *License*: unknown *Contributors*: Linél, Maksim, Rüdiger Wölk

Datei:Ammonites.jpg *Source*: http://de.wikipedia.org/w/index.php?title=Datei:Ammonites.jpg *License*: unknown *Contributors*: Kevmin, Maksim, Rüdiger Wölk, Ulrichstill, 1 anonymous edits

Image:Recto and verso.svg *Source*: http://de.wikipedia.org/w/index.php?title=Datei:Recto_and_verso.svg *License*: unknown *Contributors*: User:Tkgd2007

Printed by Books on Demand GmbH, Norderstedt / Germany